Puestas a tierra, criterios de seguridad eléctrica y técnica.

I0480923

JORGE SARMIENTO EDITOR - UNIVERSITAS

Ing. Rubén Roberto LEVY

Puestas a tierra,

criterios de seguridad eléctrica y técnica.

- Edición 2018 -

Conceptos para comprender, proyectar y ejecutar puestas a tierra en instalaciones eléctricas. En particular y para inmuebles de acuerdo a la Reglamentación para la Ejecución de Instalaciones Eléctricas de Inmuebles AEA 90364, Parte 7, Sección 771, edición marzo del 2006 de la Asociación Electrotécnica Argentina.

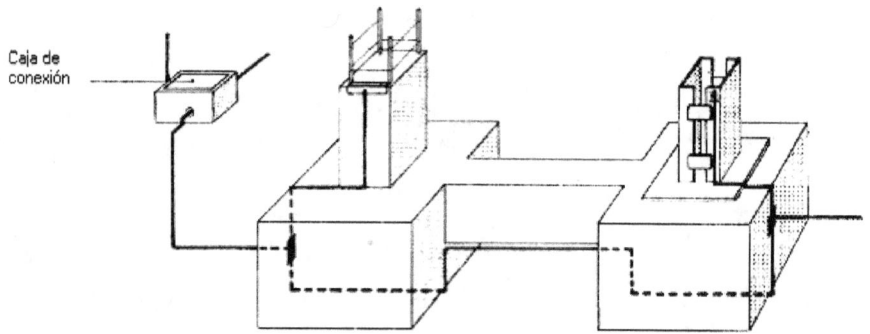

Caja de
conexión

JORGE SARMIENTO EDITOR - UNIVERSITAS
Obispo Trejo 1404. 2° "B". Barrio Nueva Córdoba – Tel. 351-153650681
Email: universitaslibros@yahoo.com.ar – www.universitaseditorial.com

Diseño Interior: Jorge Sarmiento
Diseño de Tapa: Jorge Sarmiento
Autor: Rubén Levy - buscapolocordoba@yahoo.com.ar
Producción Gráfica: Jorge Sarmiento Editor.

El cuidado de la presente edición estuvo a cargo de
Jorge Sarmiento

Levy, Rubén
    Las puestas a tierra: seguridad eléctrica y técnica / Rubén Levy. - 1a ed. - Córdoba :
Universitas - Editorial Científica Universitaria, 2020.
    Libro digital, PDF

    Archivo Digital: online

    1. Instalaciones Eléctricas. 2. Seguridad. I. Título.
    CDD 621.3

Obispo Trejo 1404. 2 "B". Bº Nueva Córdoba. (5000) Córdoba
Te: 54-351-4117411 y 155337095 - Email: universitaslibros@yahoo.com.ar

A Florencia, Ada y Emanuel

Índice

Prólogo

Este libro tiene como principal objetivo comprender la importancia de las puestas a tierra (PAT) como condición fundamental para el servicio y la seguridad eléctrica y también revisar lo indicado para las PAT por la **R**eglamentación para la **E**jecución de **I**nstalaciones **E**léctricas en **I**nmuebles de la Asociación Electrotécnica Argentina (AEA), y en particular la AEA 90364 que en adelante denominaremos **RIEI**.

Es interesante tratar conceptualmente y en detalle las puestas a tierra de los inmuebles pues su concepción, mantenimiento y las adecuadas protecciones de accionamiento por fallas a tierra establecen la "seguridad técnica" hacia personas y bienes en instalaciones destinadas a los usuarios no calificados (ver BA1, BA2 y BA3 de RIEI).

Algunas opiniones consideran a las PAT como " algo que hay que hacer para cumplir" asignándole una importancia menor a los demás componentes de la instalación como tableros, cableados, transformadores, protecciones, etc. En inmuebles *las PAT son fundamentales pues están relacionadas con las protecciones de falla a tierra que sin las PAT "no funcionan"*.

Todo equipo o material de uso eléctrico tiene una aislación básica y bloqueos de accesos a partes con tensión y/o masas que por diversas razones de calidad de producto, calidad de instalación o imprudencia de los usuarios puede originar tensiones y eventualmente corrientes peligrosas hacia personas y bienes.

Las redes eléctricas, su conexión de PAT y su relación con la seguridad eléctrica

El sistema eléctrico requiere de una generación, y redes de trasporte y distribución que se van desarrollando por medio de estaciones trasformadoras intermedias.

En el origen de las redes de trasporte de Alta y Media Tensión requieren de un trasformador donde el secundario se diseña mediante un esquema de conexión generalmente en estrella con neutro para refererenciar el neutro a tierra con el objetivo de posibilitar la detección de fallas a tierra en la red. Esta puesta a tierra de neutro está presente en el origen de las redes de trasporte y distribución de media tensión con objetivos que describiremos conceptualmente.

En las redes de trasporte y distribución de media tensión las cargas las maneja la ED y son equilibradas, generalmente transformadores, que requieren solo conexiones de fases. El neutro no es un cable que sea necesario instalar en redes de distribución y transporte excepto en redes de BT. La red de BT de 380 V/ 220 V requiere del cable de neutro entonces se tienden 4 cables tres de fases y neutro para cargas equilibradas o desequilibradas en 220 V y el neutro del transformador del lado de BT está puesto a una PATS en el esquema TT como lo indica la AEA 90364. En el esquema TT se dispone de la PATS en el neutro del transformador y en varios lugares del cable de neutro para asegurar la estabilidad de valores de 220 V ante cargas desequilibradas y ante un eventual corte del conductor neutro de la red.

Las PAT descriptas son puestas a tierra pero cumplen diferentes funciones respecto de la seguridad eléctrica.

Este relato nos permite reflexionar sobre las relaciones de las PAT respecto de las correspondientes protecciones de falla a tierra en cada caso.

El esquema que sigue se indica con **PFT** la instalación de una protección de falla a tierra que acciona en forma indirecta los interruptores automáticos de protección en el origen de la red. Por ejemplo, si un cable de fase establece un cortocircuito a tierra en soportes puestos a tierra o si un cable cae al terreno, se originara el accionamiento del interruptor automático correspondiente pero en un tiempo pocos segundos lo que no garantiza una desconexión instantánea pero garantiza que la red de alimentación se desconecte de acuerdo a las posibilidades que brindan estas protecciones.

En la red de BT se instalan generalmente fusibles en fases que lo indicamos como NPFT que por su calibre no detectaran las fallas a tierra ni resolverán contactos directos o indirectos. La seguridad eléctrica en estas redes de BT se mejora con redes aisladas o subterráneas. Más adelante se brinda un ejemplo de falla en soporte de MT y su relación con una red de BT instalada en el mismo soporte.

No es necesario que los soportes en red de BT se pongan a una PAT al no haber detención eficiente de fallas a tierra, vale resaltar que es interesante utilizar postración de madera que de alguna manera es aislante. Esas redes propias de BT las maneja la ED y utiliza en su red el esquema TNC para asegurar que una falla en una masa instalada en la red, por ejemplo un tablero de fusibles, se convierta en un cortocircuito que posibilite la acción de los fusibles de la ED.

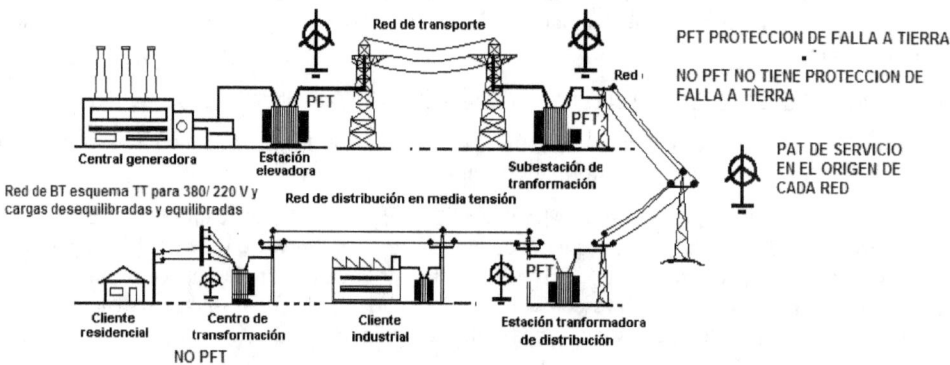

En el esquema TT de red de BT una falla o contacto respecto de tierra puede originar una corriente en las instalaciones eléctricas que se cerrara por personas o materiales hacia la puesta a tierra del neutro del trasformador del sistema de distribución, situación que conlleva un riesgo de eléctrico a personas y/o bienes. El riesgo del contacto indirecto requiere que las tensiones en las masas que puedan adquirir tensión por fallas internas sean detectadas y desconectadas.

En Argentina en las redes eléctricas de distribución urbana de BT (380 V/ 220 V) las protecciones utilizadas, generalmente fusibles, no disponen de la necesaria sensibilidad para las fallas a tierra; entonces en los componentes de la red no se instalan PAT (por ejemplo en los soportes de hormigón armado) pues no existe una protección sensible de falla a tierra de la red. Ante esta situación la solución del estado de la técnica que ha prosperado es construir redes con aislación plena, como las denominadas preesambladas o de cableados subterráneos.

Un caso interesante de comentar es el denominado pilar de acometida ubicado en la línea municipal de ingreso a un inmueble. Tradicionalmente en ese pilar se utilizó una PAT como condición de seguridad ante fallas internas de los componentes eléctricos instalados en el pilar (cables, medidor de energía, conexiones). Como a esa PAT la debe instalar el cliente y mantener la Empresa de Distribución (ED) y como la protección de ingreso al medidor del pilar es generalmente un fusible; se puede demostrar que el valor mínimo técnico de la PAT para garantizar el despeje de una tensión de masa máxima de 24 V por una posible falla a tierra en el pilar utilizando fusibles es casi imposible de lograr y mantener.

Resolución ERSeP en Córdoba respecto de acometidas
CRITERIOS PARA LA CONSTRUCCIÓN DE PUNTOS DE CONEXIÓN Y MEDICIÓN DE CLIENTES EN BAJA TENSIÓN-, para la aprobación de toda nueva instalación de conexión y medición de energía eléctrica en los puntos de suministro al usuario en baja tensión, deberá adicionalmente darse cumplimiento a los siguientes requisitos:

a) Las cajas para alojamiento del medidor y las cajas para tablero de protección del usuario/cliente serán de material sintético aislante, autoextinguible.
b) Las envolventes y canalizaciones en general, serán de material sintético aislante, autoextinguible, o bien aisladas en material sintético, autoextinguible.
c) En todos los casos en que corresponda la instalación de caños de acero para la entrada al punto de conexión y medición, los mismos deberán ser **aislados interior y exteriormente, garantizando el doble aislamiento del sistema.**
d) **Se prescindirá del sistema de puesta a tierra del punto de conexión y medición.**

En caso de encontrarse daños, roturas o fallas en los elementos enumerados **se deba proceder a su remplazo** o reparación, ello se tendrá que ajustar a los requisitos mencionados.

En el denominado punto de acometida, que es la vinculación del cliente con la ED, se comprendió que no se puede garantizar que una masa que adquiera tensión igual o mayor a 24 V sea descontada por medio de los fusibles que utiliza la ED como protección anterior al medidor de energía. Por ello el estado de la técnica aconseja que los pilares, tableros o puntos de medición se establezcan con componentes de clase II sin PAT. El diseño con masas en las acometidas es obsoleto y peligroso y ha llevado a numerosas electrocuciones, motivado que algunas ED normalicen los pilares de acometida con componentes de Clase II (cajas sintéticas y cañerías con revestimientos sintéticos) y entonces no hay masas y no se instala una PAT en el pilar.

En inmuebles la AEA 90364 indica la obligación de utilizar protecciones que desconecten en forma eficiente las fallas a tierra "antes" que una tensión origine una corriente peligrosa hacia personas y materiales de la instalación eléctrica. En general "a tiempos de desconexión menores, menores son los daños". El interruptor diferencial que opera con corrientes, por ejemplo, del orden de 30 mA, garantiza que la masa que adquiera una tensión limite sea desconectada en un valor menor al límite de tensión de 24 V como lo indica la ley 19587.

Se debe reconocer que existe el hecho improbable que una persona se encuentre formando un camino a tierra justo en el momento de una falla y quede afectada por una tensión peligrosa. Este riesgo a veces tiene soluciones técnicas ,por ejemplo utilizando aislación Clase II en tableros, dispositivos o canalizaciones de modelos sintéticos (plásticos). Lo que indica la AEA 90364 es que la instalación de PAT sea de tipo equipotencial..

Otra sería la situación, por ejemplo, en una instalación industrial, donde a veces no existen las correspondientes protecciones de falla a tierra de accionamiento al contacto directo pues se supone que las personas relacionadas son capacitadas (BA4, BA5 de AEA 90364) en los riesgos y utilizan elementos de aislación a los contactos con tensión (guantes, zapatos, etc.). De todos modos debemos buscar diseños técnicos para evitar un contacto peligroso aun en esas circunstancias.

Resumen del tema

En las redes de trasmisión y distribución se pone a una PAT el neutro del lado secundario del trasformador y no se tiende el cable de neutro, las cargas las maneja la ED y son equilibradas. En la cabecera se instala un interruptor automático y protecciones de falla a tierra que envían orden al interruptor automático de potencia que desconecta la línea en el orden de algunos segundos. Este diseño no cubre la seguridad eléctrica a contactos directos. Los soportes y masas propias se ponen una PAT.

La red de BT la ED diseña con esquema TN-C donde las masas propias de la red de BT se vinculan al neutro de modo de convertir una eventual falla a masa (por ejemplo en una caja de fusibles instalados en la red) resulten de valor de un cortocircuito y asegurar que opere los fusibles instalados en la red de BT.

En las denominadas acometidas o puntos de medición la tendencia es <u>no instalar masas metálicas</u> por la imposibilidad de despejar fallas a tierra por medio de fusibles de acometidas y entonces se diseña con materiales clase II

En las instalaciones electicas AEA 90364 se diseña con masas puestas a tierra con PAT denominada Ra (ver más adelante) de valor ,máximo de 40 ohm e interruptores diferenciales de 30 mA aptos para la seguridad electica ante contactos indirectos como solución preventiva. Para circuitos seccionales donde no existe la posibilidad de contacto directo se diseña con interruptor diferencial de 300 mA selectivo y PAT si corresponde o clase II en un todo de acuerdo a AEA 90364.

Cuando se observaron los siniestros se comprendió la necesidad de documentos técnicos para especificar las PAT en cuanto a su tipología e instalación.

Este movimiento normativo tiende hacia una mejor comprensión de la relación de las PAT con la seguridad técnica de las personas y bienes, considerando a la PAT al servicio de la funcionalidad, seguridad eléctrica y la economía de las consecuencias de los siniestros.

En el caso particular de los inmuebles, las principales funciones que cumple la PAT son:

La *estática* que permite fijar el potencial de las masas conductoras de la instalación (PAT de protección).

La *dinámica transitoria* que permite ofrecer una protección concreta a personas y bienes mediante la acción "instantánea" de las protecciones de falla a tierra (por ejemplo con interruptores diferenciales).

ALGUNAS DEFINICIONES AEA 90364		
Las puestas a tierra **de servicio PATS** (o funcionales) son las destinadas para la conexión a tierra del neutro de un sistema eléctrico.	Las puestas a tierra **de protección o seguridad PATP** son destinadas a las partes metálicas (masas) de una instalación que normalmente no conducen corrientes (envolventes, carcasas, vainas metálicas de cables, etc.)	Las puestas **a tierra para descargas atmosféricas** son destinadas a pararrayos y descargadores de sobretensiones.

En el marco normativo AEA 90364 el sistema de PAT está conformado por la puesta a tierra de servicio (PATS) y la puesta a tierra de protección (PATP). Aclarar esto tiene mucha importancia pues la PATS en general la define la ED y la PATP en una instalación eléctrica de un inmueble debe definirla el proyectista o el instalador de acuerdo a las exigencias correspondientes y lo establecido para inmuebles por la AEA 90364 y en la provincia de Córdoba por la ley 10281.

A modo de ejemplo la PATP, la AEA 90364 lo indica como resistencia máxima de puesta a tierra y de valor de 40 ohm. Este valor, que pareciera elevado respecto a otras exigencias de PAT en redes eléctricas; está directamente relacionado con la posibilidad económica de la realización y mantenimiento de la PAT en un inmueble y la sensibilidad de operación de los dispositivos de protección obligatorios indicados por la AEA 90364 (interruptores diferenciales de 30 mA para contactos directos o indirectos y 300 mA para contactos indirectos) instalados a partir de la incumbencia de la AEA 90364 ("aguas abajo" de los bornes de entrada de la protección ubicada en el Tablero Principal posterior al medidor de energía).

Es importante comprender que la PATP de masas en inmuebles e industrias debería permitir el accionamiento de una protección de la sensibilidad adecuada respecto de fallas a tierra, pues de otra manera no se puede garantizar en forma integral el cumplimiento de la seguridad técnica hacia personas y bienes. Por ello también la AEA 90364 indica *la imposibilidad* en el sistema TT de proteger contactos indirectos *solamente* mediante el uso de protecciones de sobrecorriente.

La experiencia de iniciativas y esfuerzos nos dice que para lograr los cambios es imprescindible una intensa tarea de difusión y capacitación, que realizada con dedicación y responsabilidad, generará la necesidad de establecer obligaciones vinculantes entre quienes por su incumbencia elaboran un proyecto de instalación y quienes lo realizan; de modo que los destinatarios reciban un servicio legítimo en el marco de la ley. Tenemos mucha tarea por delante, pues como dice la misma AEA 90364 *"a pesar de los esfuerzos, los accidentes originados en fallas en las instalaciones eléctricas en inmuebles continúan en un número inaceptable para el estado actual de la tecnología".*

Pruebas eléctricas del ID por medio de ficha de testeo

Se trata de una prueba de accionamiento por corriente de diferencia pero no detecta el tiempo de actuación del ID.

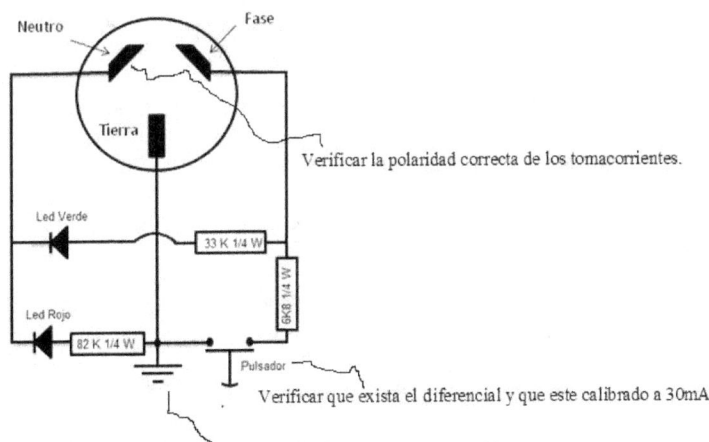

Verificar si el borne de tierra está conectado al conductor de protección.

Posterior a una instalación o reinstalación de una instalación básica de 220 V, es importante que el instalador pueda mediante un método sencillo comprobar la

- Polaridad de los tomacorrientes. Led verde se ilumina con polaridad correcta y led rojo con polaridad incorrecta en el tomacorriente.

- La acción de desconexión del interruptor diferencial en forma preventiva mediante, por ejemplo, un pulsador que simula una falla a tierra mediante una resistencia de valor aproximado de 6,8 kohm que genera una corriente diferencial del orden de 32 mA, por supuesto si existe una pat en el lugar de la prueba es decir en tomacorriente.

- **Prueba de tensión de línea:** Introducir la ficha en el tomacorriente, enciende el led verde si existe tensión en línea, si parpadea verificar que no esté haciendo falso contacto.

- **Prueba de polaridad:** Introducir la ficha en el tomacorriente, si enciende el led verde implica que la polaridad es correcta. Si encienden ambos es incorrecta.

- **Prueba:** Introducir la ficha en el tomacorriente, verificar polarización y apretar el pulsador. Si dispara el diferencial quiere decir que : (Está bien calibrado, que la tierra existe y está conectada y que dicho diferencial no es electrónico) Si no dispara puede ser por:

- **Tierra no conectada o no existe.**
- ID de In > 30mA
- ID no cumple las normas o es de modelo electrónico.

Valores aproximados

Por norma de fabricación un ID **de 30 mA** no debe actuar ante 0,5 x 30 mA es decir 15 mA, debe actuar en el tiempo máximo 300 ms ante 30 mA y en 40 ms ante 5 x 30 mA es decir 150 mA

Por norma de fabricación un ID **de 300 mA** no debe actuar ante 0,5 x 300 mA es decir 150 mA, debe actuar en máximo 300 ms ante 300 mA, y en 40 ms ante 5 x 300 mA es decir 1500 mA

Se ha demostrado internacionalmente que con proyectos y montajes establecidos y realizados mediante Reglamentaciones y controles de ejecución se mejoran la calidad y seguridad de las instalaciones eléctricas. La utilización en las obras de materiales que no responden a Normas de producto (por ejemplo, jabalinas "cobreadas") a veces se presenta como más económica a la inversión inicial pero llevan a peligrosas situaciones ante las cuales los destinatarios "quedan solos" y deben hacerse cargo de las consecuencias de estos "ahorros en costos".

Sabemos que las Reglamentaciones indican "lo que se debe hacer" y "lo que hay que cumplir" entendiéndose que deben existir documentos del "cómo hacer", y de ello trata esta propuesta.

El estado actual de las documentaciones técnicas vigentes para los proyectos y ejecuciones de instalaciones eléctricas es:

√ La Reglamentación para la Ejecución de Instalaciones Eléctricas en Inmuebles AEA 90364 o **RIEI.**

√ La Ley 19587 de Higiene y Seguridad en el Trabajo y resoluciones complementarias que toman como referencia la RIEI **y establece su uso obligatorio** en todo tipo de instalaciones eléctricas.

√ Las Normas IRAM (Instituto Argentino de Normalización) y Normas IEC (International Electrotechnical Commission). La RIEI establece que los productos, componentes, trabajos y verificaciones deben cumplir la Norma IRAM, Norma IEC, etc.

Aceptar y respetar la RIEI nos permitirá asegurar la protección de vidas y bienes, la seguridad de servicio y la utilización racional de la energía como bien social.

En este libro y mediante una estructura de módulos se presentan criterios de uso práctico (cuando en el texto se citen puntos de referencia los mismos pueden ser consultados en la RIEI).

Es interesante destacar el proceso evolutivo que ha tenido la RIEI y revisar particularmente el punto 771.18.4.3 donde se indica en forma clara y sin lugar dudas que: *"en los sistemas denominados TT (ver más adelante) es impracticable lograr una resistencia del lazo de falla a tierra que garantice la acción de las protecciones de sobrecorriente"*. Esta situación de imposibilidad es la conclusión de diversas iniciativas que trataron de imponer resistencias de PAT de protección impracticables en las instalaciones de inmuebles buscando no imponer los interruptores diferenciales. En la actualidad el estado de la técnica nos permite comprender y asegurar que la única forma de proteger a las personas ante contactos directos y contactos indirectos en los inmuebles es estableciendo un sistema equipotencial y continuo de PATP y la instalación de interruptores diferenciales.

Establecer una referencia obligatoria por medio de la RIEI pone en pie de igualdad el costo de las tareas, aumenta la eficiencia y evita mantenimientos por mala calidad de materiales no aprobados y trabajos de dudosa calidad de ejecución. La obligación de cumplir la RIEI, en productos y en instalaciones eléctricas tiene como objetivo el uso seguro del avance tecnológico que nos ofrece la electricidad que es un bien sin el cual no se podría concebir la sociedad moderna. Cuando mencionamos a la seguridad eléctrica lo hacemos en cuanto a la necesidad de proteger a las personas, animales domésticos y bienes.

Se debe insistir además que el proyecto de una instalación tiene una entidad propia y los profesionales están capacitados para responder a la sociedad que ha invertido e invierte ingentes recursos en los sistemas educativos de formación, que deben ser complementados con los controles correspondientes de una sociedad moderna. Por ejemplo, un producto tecnológico y fundamental para la salvaguarda de vidas y bienes como el interruptor diferencial; si no se diseña su instalación en relación al esquema de PATP **"no funcionará"**. Y no es un problema de producto, es un problema de aplicación de lo establecido por la RIEI.

Deseo reconocer la meritoria tarea de la Asociación Electrotécnica Argentina, y en especial al Comité de Estudio CE10 por el detallado y arduo trabajo realizado en los años previos a la emisión de la Reglamentación AEA 90364. Este meritorio esfuerzo continúa en forma permanente con los objetivos de concretar paso a paso una Reglamentación integral para todo tipo de instalaciones y de cumplir una actividad fundamental para el progreso de nuestra sociedad.

Es importante mencionar la ley 10281 y el ERSeP de la Provincia de Córdoba que han generado un movimiento concreto hacia la seguridad en las instalaciones eléctricas de inmuebles en la provincia de Córdoba.

La nómina podría ser más extensa tanto en Córdoba como en otras provincias del país, lugares donde encontré eco y relaciones de amistad y es mi homenaje a quienes trabajan para una sociedad mejor y más justa para todos.

Ing. Rubén Roberto Levy

1
Riesgo eléctrico y los efectos de la corriente eléctrica sobre el cuerpo humano

1.1. Definición de riesgo eléctrico

En una instalación eléctrica existe una determinada posibilidad o *probabilidad* que un cuerpo humano quede sometido a una diferencia de potencial (tensión) y un choque eléctrico por la circulación de la intensidad de corriente (corriente) a través del cuerpo afectado; siempre que el contacto no este interrumpido, bloqueado o aislado (zapatos, guantes aislantes, pisos aislantes, etc.).

Para que circule una corriente eléctrica por el organismo humano es necesario que:

- Exista una diferencia de potencial entre dos puntos del cuerpo humano.
- Exista un circuito cerrado por donde pueda circular la corriente.
- Sea conductor el objeto o elemento que vincula la tensión con cada uno de los dos puntos del cuerpo humano.

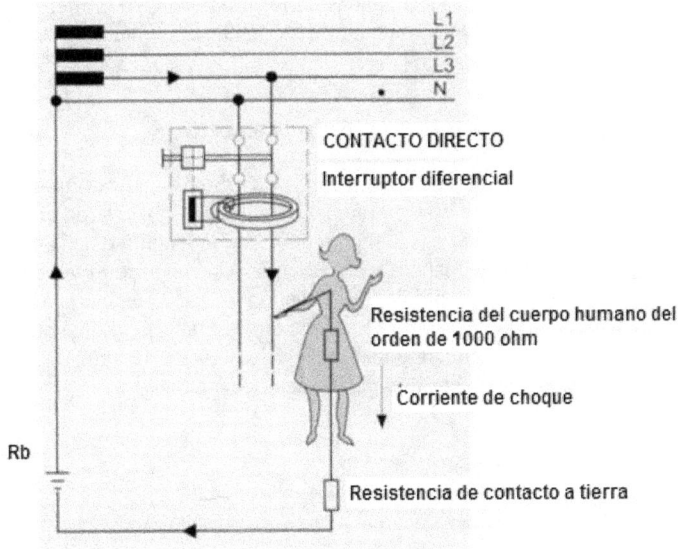

En la Figura se observa un *contacto directo* (respecto de tierra) de una persona con un elemento conductor en una mano y con su pie "no aislado a la tensión de contacto" (fase *L3* y tierra) lo que origina, si el piso no está aislado, que la persona quede sometida a una diferencia de potencial.

El circuito se cierra a través de la tierra desde el punto de conexión del neutro a tierra Ra (PATS), el conductor de fase *L3* y el elemento (conductor) que une la fase *L3* con la mano de la persona Si la persona estuviera aislada (guantes, botines, etc.), el contacto no ocasionaría una corriente peligrosa. Si no existiera la PATS el circuito no se cerraría, pero en el esquema TT (entre otros) se instala Ra y el riesgo de circulación de corriente a tierra existe. De todos modos están establecidos métodos para la tarea de TCT (Trabajos Con Tensión) para personas conocedoras de los riesgos y mediante procedimientos y Resoluciones de la SRT (Secretaria de Riesgos del Trabajo en argentina). Se indica la instalación de un interruptor diferencial como posible protección de acción correctiva al contacto directo.

Efectos de la corriente eléctrica sobre el organismo humano.

De la experiencia y trabajos experimentales se pueden destacar los aspectos de:

Utilización de criterios de diseño para evitar el denominado accidente eléctrico.

El conocimiento el estudio y los datos son la base para proponer y aplicar criterios prácticos para el diseño de las instalaciones eléctricas en cuanto a los elementos de protección ante posibles contactos eléctricos. Esos conocimientos en caso de las instalaciones eléctricas se han trasladado a la Normas y a la RIEI en sus correspondientes actualizaciones. Siempre es posible un accidente de orden eléctrico, pero si no se respetan las Nomas correspondientes yo prefiero denominar "siniestro" a un riesgo que podría haberse evitado cumpliendo los procedimientos y Normas que el estado de la técnica indica que se deben cumplir.

Fenómenos fisiológicos provocados por la corriente eléctrica.

Desde los inicios de la aplicación de la electricidad los científicos analizaron los fenómenos derivados del paso de la corriente eléctrica por el organismo humano y observaron que el peligro se relaciona *con el **valor de la corriente*** que puede provocar, según la magnitud de la corriente *y **el tiempo de su permanencia***, electrizaciones (daños) y electrocuciones (muerte). Si la persona está sometida a una tensión eléctrica, pero por su condición de aislación no queda expuesta a un determinado valor de corriente que lo afecte, puede no originarse un peligro. Por ello se dice que el peligro lo establece *la corriente* y el tiempo que circula por el cuerpo de personas (o animales) que según su estado corporal y trayectoria puede o no originar daños o electrocuciones.

La acción de la corriente en el cuerpo humano (en determinadas condiciones) origina fenómenos que se agravan según la escala siguiente:

a) De 1 a 3 mA: umbral de percepción.

b) De 10 a 15 mA: tetanización o contracción de los músculos generalmente de la mano y del brazo y en el orden de 25 mA se extiende a los músculos de la caja toráxica.

c) A partir de los 50 mA: aparece la posibilidad de la denominada fibrilación cardiaca.

Todos estos valores y sus efectos, aumentan o disminuyen, dependiendo del tiempo que dure el paso de la corriente eléctrica.

Si se amplía el intervalo de intensidad de corriente, los fenómenos fisiológicos que se pueden producir se indican en el cuadro que sigue:

Intensidad eficaz en mA (a 50 Hz)	Duración del contacto eléctrico	Fenómeno fisiológico en el organismo
0 a 3	No influye	Umbral del percepción, no existe riesgo de electrocución.
3 a 15	No influye	Imposibilidad de soltarse. Daños variables hasta la tetanización.
15 a 25	Minutos	Límite de la tolerancia, dificultad de respirar, aumenta la presión arterial, contracción de brazos.
25 a 50	Segundos	Tetanización, alteraciones cardíacas, inconciencia, *fibrilación ventricular* riesgo de electrocución.
50 a 5000 (5 A)	Menor que un ciclo cardíaco	No se produce fibrilación ventricular: **choque fuerte.**
50 a 5000 (5 A)	Mayor que un ciclo cardíaco	Fibrilación ventricular **inicio de electrocución**, marcas visibles sobre la piel.
Superior a 5000 (5 A)	Menor que un ciclo cardíaco	**Fibrilación ventricular.** El comienzo de la electrocución depende de la fase del ciclo cardíaco, perdida de la conciencia, marcas visibles.
Superior a 5000 (5 A)	Mayor que un ciclo cardíaco	**Paro cardíaco reversible,** quemaduras, perdida de la conciencia, marcas visibles sobre la piel

La secuencia de efectos que sobre el organismo origina el aumento de los valores de la intensidad de corriente son:

- Dificultad respiratoria.
- Fibrilación ventricular.
- Parada cardiaca.
- Inhibición respiratoria.
- Muerte.

Respecto de los efectos de la baja o alta tensión debemos tener en cuenta que la corriente eléctrica de baja tensión (mayor a 24 V y considerando lo establecido para el entorno según RIEI) puede provocar la muerte por fibrilación ventricular; mientras que la de alta tensión al destruir los órganos puede originar en algunos casos quemaduras y perforaciones y no necesariamente la muerte.

Umbral de percepción

Se denomina umbral de percepción al valor de la corriente eléctrica que puede soportar una persona si, cuando sujeta con las manos un electrodo con tensión sufre una sensación de cosquilleo no desagradable. La norma IRAM 2371 y la IEC 60479 establecen ese valor en 0,5 mA para cualquier tiempo de exposición.

Corriente límite de control muscular

Valor máximo de intensidad que puede soportar una persona sin perder la capacidad de soltar el electrodo.

Umbral de contracción muscular

Es aquel que produce una contracción violenta de los músculos contractores o extensores dejando a la persona, que generalmente hace contacto con sus extremidades, agarrotada o pegada al conductor (es incapaz de soltarse por sí sola, si no se corta la corriente) o proyectada violentamente. La situación origina la contracción de los músculos respiratorios y la asfixia.

El *umbral de «no soltar»* está fijado por las Normas en 10 mA. Por ello en determinados locales y por la particular situación del entorno (cuerpo mojado o sumergido) se exigen interruptores diferenciales de corriente diferencial 10 mA.

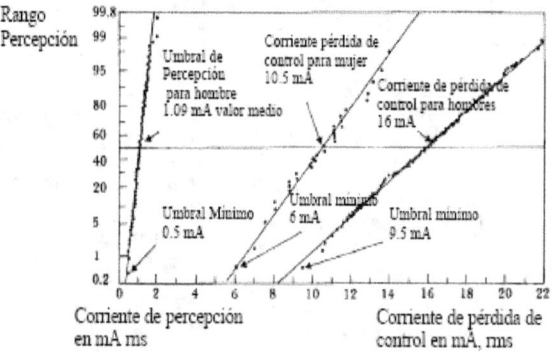

Rango de los umbrales de las corrientes de percepción y de pérdida de control.

Fibrilación ventricular

La fibrilación ventricular es una acción, independiente de las fibras musculares cardíacas que originan una contracción no coordinada y la supresión inmediata de la actividad fisiológica del corazón. El ciclo cardíaco corresponde a un latido de corazón, donde las dos partes del corazón, izquierda y derecha, funcionan de forma sincronizada. Durante la fase de relajamiento del músculo cardíaco (miocardio) la sangre llega de las venas y llena las cavidades del corazón (aurículas y ventrículos) y durante la fase de contracción del miocardio la sangre es eyectada del corazón hacia las arterias.

Al quedar el corazón paralizado (fibrilación) no puede circular la sangre oxigenada y se producen lesiones cerebrales irreversibles en pocos minutos.

La fibrilación ventricular es un estado prácticamente irreversible (salvo que se lo atienda al accidentado adecuadamente) que conduce en unos minutos al cese definitivo de los movimientos cardíacos.

En los contactos eléctricos de corta duración (menor que la del ciclo cardíaco que es del orden de un segundo), la fibrilación puede producirse si el contacto se origina en la denominada fase crítica (fase *T)* que comprende el 20% aproximadamente de la duración total del ciclo cardíaco. Tomando como promedio de ciclo total 0,75 s, la fase crítica ocupa el orden de 0.15 s.

En la figura representamos un ciclo cardíaco en donde la zona sombreada corresponde a la fase crítica *T* (0.15 s).

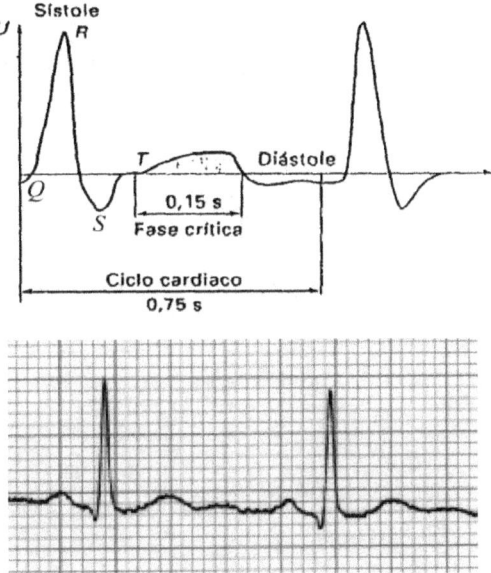

En las Figuras se indica la situación del período vulnerable de los ventrículos durante el ciclo cardíaco y la fibrilación, y la variación (caída) de la presión arterial durante la fibrilación ventricular.

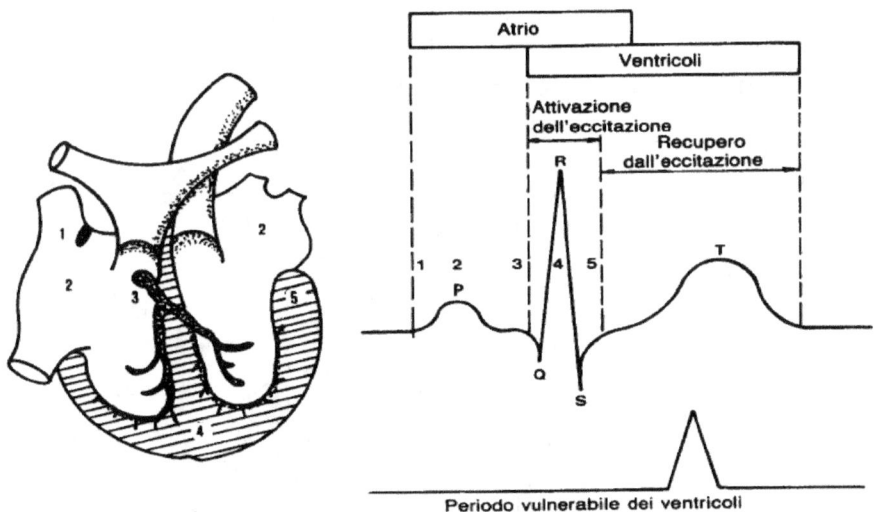

Periodo vulnerabile dei ventricoli

Para un contacto del orden de 500 mA y con una duración superior a un ciclo cardíaco, puede producirse un paro cardíaco reversible.

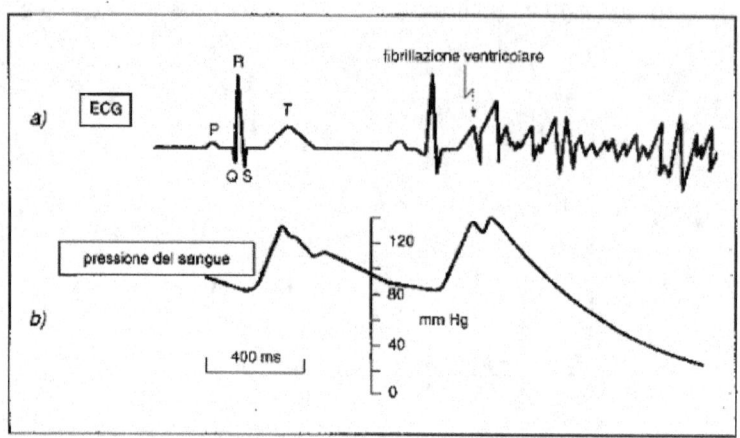

Se observa la presión sanguínea en le periodo normal de funcionamiento del corazón y la caída despues de ›
ꟼa fibrilación ventricular

Umbral de fibrilación ventricular

Si se trasladan los resultados de las experiencias realizadas con animales a los seres humanos, se establecen valores umbral de fibrilación de:

- Para exposiciones de 10 a 2000 ms, el umbral de máxima seguridad se sitúa en una recta que va desde 200 mA a 10 mA.
- Para exposiciones mayores que a 2000 ms (2 segundos), el umbral se sitúa sobre la recta que está en 10 mA.
- La zona sombreada responde a los valores de corriente diferencial-tiempo de operación del interruptor diferencial para observar la cobertura de seguridad que brinda el interruptor diferencial respecto a valores de corriente-tiempo peligrosos para los seres humanos.

IEC 60479-1 e IEC 61008

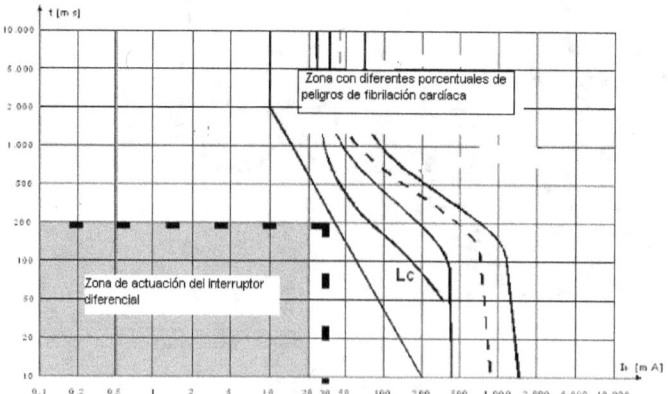

Otros efectos de la corriente eléctrica en el ser humano

a) Originados por la intensidad de corriente o por el trayecto: lesiones encefálicas, bloqueo de la epiglotis, laringoespasmo, espasmo coronario, etc.

b) Quemaduras.

c) La energía de un cortocircuito provoca arcos eléctricos, radiación y quemaduras.

Factores que intervienen en un accidente eléctrico

Algunos factores que intervienen en un denominado accidente eléctrico:

- Valor de la intensidad de la corriente eléctrica.

- Valor de la tensión.

- Tiempo de paso de la corriente eléctrica por el organismo humano.

- Impedancia del cuerpo humano.

- Trayectoria que siga la corriente por el organismo.

- Naturaleza de la corriente.

- Valor de la frecuencia, en el caso de corrientes alternas. Lo suponemos de 50 Hz pues con valores mayores de frecuencia la situación de peligro debe ser analizada en forma específica (por ejemplo en instalaciones de equipos de uso médico).

- Capacidad de reacción del organismo.

Valor umbral de intensidad de corriente.

Algunos autores denominan umbral absoluto a la máxima intensidad de corriente eléctrica que puede soportar una persona sin originarse el peligro, independientemente del tiempo que dure su exposición a la corriente.

Conviene establecer un criterio sobre la máxima corriente que no resulte peligrosa para la persona, considerando que la corriente eléctrica pueden producir la muerte, lesiones orgánicas u originar que las personas queden **pegadas** a los circuitos por la tetanización de sus músculos (no se pueden desprender por sus propios medios).

El criterio más difundido es considerar como valor umbral absoluto al mayor valor de intensidad de corriente que permita a la persona "desprenderse del contacto" por sus propios medios.

Este valor se considera para la corriente eléctrica alterna a 50 Hz entre 10 y 15 mA según el sexo y la edad de las personas. Es interesante mencionar, a modo de ejemplo, que los interruptores diferenciales normalizados y de corriente diferencial de 30 mA son ensayados para funcionar entre 15 mA y 30 mA.

Valor de la tensión

Una diferencia de potencial (tensión) aplicada en un ser humano en "determinadas condiciones" *puede* conformar un circuito eléctrico y la circulación de una corriente eléctrica.

Para un determinado estado del cuerpo humano y condiciones de contacto (resistencias), la intensidad de corriente que pueda circular por el cuerpo está relacionada con el valor de la tensión de contacto. **Lo que afecta al organismo humano es el valor de la intensidad de corriente eléctrica que lo atraviesa cuando se encuentra sometido a una diferencia de potencial.**

El RIEI (Tabla 771.3.1) establece valores máximos de la resistencia de la PATP (Ra) con las sensibilidades de los interruptores diferenciales y los valores máximos de U_L (siendo Ra el valor máximo de la resistencia de la toma de tierra de las masas eléctricas).

Si nos concentramos en la situación respecto de los inmuebles y el valor de U_L = 24 V e instalando el obligatorio interruptor diferencial de 30 mA podemos comprender el margen de seguridad disponible logrado con el valor máximo de Ra de AEA 90364:

Corriente diferencial del interruptor diferencial		Valor máximo de la Ra (ohm) para U_L = 50 V	Valor máximo de la Ra (ohm) para U_L = 24 V	Valor máximo PERMITIDO por AEA 90364 de la Ra (ohm)
Sensibilidad alta	Hasta 30 mA inclusive	Hasta 1666	800	40

En inmuebles con el valor máximo PERMITIDO de contacto indirecto de 24 V y con Ra = 40 ohm, se brinda una seguridad de corriente de actuación del interruptor diferencial de 30 mA del orden de 800/40 = 20 veces. Es decir que, por ejemplo, con pérdidas de aislación que originen la actuación del interruptor diferencial de 30 mA y con Ra máxima de 40 ohm se garantiza una tensión máxima de contacto indirecto de 30 mA x 40 ohm = 1,2 V. Como seguridad complementaria en el TP y si lo que se encuentra instalado es un interruptor diferencial de 300 mA (sensibilidad media y para contactos indirectos) y con Ra= 40 ohm, la seguridad de corriente de actuación del interruptor diferencial de 300 mA es 300 mA x 40 ohm = 12 V es decir a la mitad del máximo establecido de contacto indirecto (24 V).

En cuanto a las exigencias del RIEI respecto a la tensión máxima que puede adquirir el potencial de una masa se establece en U_L = 24 V (valor adoptado como exigencia conjunta entre la Ley 19587 Dec.351/79 y el RIEI).

El efecto de la tensión y la corriente es la quemadura. El calor Q desprendido en el organismo con la tensión U y la corriente I durante _t_ segundos, está expresado por:

$$Q = U \cdot I \cdot t \cdot 0,24 \ [kcal]$$

Tiempo de paso de la corriente eléctrica por el cuerpo humano (umbral absoluto)

Representa, según algunos autores, el período máximo que una persona puede soportar sin peligro el paso por su cuerpo de la corriente eléctrica originada desde un sistema de baja tensión (hasta 1000 V).

De estudios realizados *la fibrilación ventricular es* de entre todos los efectos que origina la corriente eléctrica en el cuerpo humano *el que necesita menos tiempo para producirse*. Por el funcionamiento del corazón no se produce fibrilación si el tiempo de paso es aproximadamente de 0,025 segundos o menor.

Como la duración del período de la corriente eléctrica de 50 Hz es de 0,02 segundos algunos autores consideran a 20 milisegundos (ms) como umbral absoluto de tiempo. Es decir que si la corriente es desconectada en 20 ms no se originará la fibrilación cardiaca; criterio que sirve de guía para definir *la tipología de las protecciones de seguridad eléctrica* ante contactos eléctricos. Pero la realidad de fabricación de los ID nos indica que su operación es mediante un relé con actuación del orden de 2 ciclos es decir entre 40 ms, pero se acepta la solución que brinda un ID como dispositivo para evitar riesgo eléctrico pues actúa en el orden menor a 200 ms y nos brinda una solución de eficiencia técnica como protección de detección de falla a tierra.

Impedancia eléctrica del cuerpo humano

Las partes del cuerpo humano (piel, masas musculares, sangre, etc.) representan una impedancia formada por elementos resistivos y capacitivos respecto de la tensión y corriente eléctrica. Sus valores dependen principalmente del trayecto de la corriente, de la tensión de contacto, del tiempo de paso de la corriente, de la frecuencia, del estado de humedad de la piel y de la presión y superficie de contacto.

Impedancia interna del cuerpo humano (Z_i).

Impedancia entre dos electrodos en contacto con el cuerpo humano, una vez suprimida la piel bajo los electrodos.

Su valor tiende a ser resistivo si solo depende de la trayectoria de la corriente y en menor grado de la superficie de contacto.

Impedancia de la piel (Z_p)

Impedancia que existe entre un electrodo situado sobre la piel y los tejidos conductores subyacentes. Se puede considerar como un conjunto de resistencias y capacitancias conectadas en el paralelo. Hay que considerar que *decrece* muy rápidamente cuando aumenta el valor de la corriente, situación que agrava el peligro (perforaciones de la piel) cuando la corriente no es cortada rápidamente.

Para tensiones de contacto comprendidas entre 50 V y 100 V, el valor de la impedancia de la piel decrece, y se puede hacer despreciable cuando la piel es perforada.

Impedancia total del cuerpo humano (Z)

Es el resultado de la impedancia interna y las impedancias de la piel tanto a la entrada de la corriente como a la salida y está conformada por una componente resistiva y otra capacitiva.

Para tensiones de contacto menores que 50 V el valor Z varía ampliamente, mientras que para tensiones de contactos mayores el valor se aproxima al de la impedancia interna (ya perforada la piel).

La Tabla indica los valores de la impedancia total del cuerpo humano para una trayectoria mano a mano y mano a pie con dos superficies de contacto aproximadamente de 50 cm^2 a 100 cm^2 y en condiciones secas.

Tabla 1: Valores de la impedancia total Z del organismo humano

Tensión de contacto (V)	Valores de impedancia total Z (ohm) del cuerpo humano que no son sobrepasados por los porcentajes de la población siguientes:		
	95 %	50 %	5 %
25	1.750	3.250	6.100
50	1.450	2.625	4.375
75	1.250	2.200	3.500
100	1.200	1.875	3.200
125	1.125	1.625	2.875
220	**1.000**	1.350	2.125
700	750	1.100	1.550
1.000	700	1.050	1.500
(valor asintótico)	650	750	850

El valor de 1000 ohm es considerado como referencial para determinar la corriente eléctrica de un contacto con 220 V.

Puesta a tierra (conceptos y razones de su instalación)

Unión equipotencial conductora ejecutada sin protección alguna y de sección suficiente que vincula las partes metálicas no activas de la instalación y un electrodo o grupo de electrodos enterrados en el terreno. La función principal es derivar a tierra (potencial cero) las corrientes de pérdidas de aislación (fallas o descargas de cualquier naturaleza) y así evitar que existan potenciales peligrosos en componentes o partes metálicas para:

- Limitar la tensión de las masas de equipos o materiales vinculados directamente o indirectamente a la instalación eléctrica de modo que no presenten un determinado nivel de tensión respecto de tierra. A modo de ejemplo se puede citar el criterio de poner a tierra las cañerías de calefacción de zonas de baños donde las personas por su entorno y situación pueden quedan más expuestas a una diferencia de potencial.

- Posibilitar la operación (preventiva) de los dispositivos de protección de falla a tierra con los límites de funcionamiento que cada dispositivo puede ofrecer.

- Limitar las diferencias de potencial entre partes metálicas no activas y tierra.

- Limitar las sobretensiones internas en la red eléctrica (condiciones de servicio).

Puesta a tierra de protección (PATP) en esquema TT: es la puesta a tierra de uno o más puntos de una red, de una instalación o de un equipo o material por razones **de seguridad eléctrica.**

Puesta a tierra de servicio (PATS) en esquema TT: es la puesta a tierra de uno o más puntos de una red por razones específicas *de funcionamiento* de la red en determinadas condiciones, que pueden corresponder o no con la seguridad eléctrica. La PATS mejora la estabilidad de las tensiones de fases respecto del neutro, pero es improbable que una protección de sobrecorriente de una red de servicio de 380/220 V garantice desconectar una falla a tierra de manera de cumplir requerimientos específicos de seguridad eléctrica.

Ejemplo de la equipotencialidad de las puestas a tierra (denominaciones y esquemas particulares ver el RIEI).

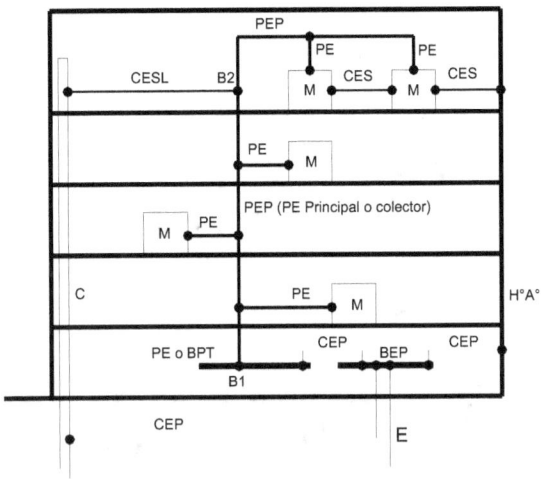

Es interesante observar en este esquema de PAT de AEA 90364 se utiliza la PAT denominada E que es una instalación con electrodos y/o jabalinas, pero también se indica la vinculación con la estructura mediante el cable CEP lo que establece una PAT de la estructura que generalmente impondrá un valor mucho menor al valor que se logre mediante la PAT denominada E.

Lo interesante de vincular la estructura a la PAT es que se logran valores menores de PAT que no requieren un control de mantenimiento.

Resistencia inicial del cuerpo humano (R).

Cuando se produce el contacto eléctrico los elementos capacitivos del cuerpo humano están descargados. En ese momento las impedancias de la piel son despreciables y por lo tanto la resistencia inicial del cuerpo es prácticamente igual su impedancia interna.

Estudios específicos que indican esquemáticamente los valores de la resistencia interna del cuerpo humano en función de la trayectoria seguida por la corriente eléctrica.

Los números indican el porcentaje de la impedancia del cuerpo humano para el camino indicado respecto del camino mano a mano (considerado como el 100% de la impedancia). Los números entre paréntesis se refieren al camino de la corriente entre las dos manos y la parte correspondiente del cuerpo.

Por ejemplo un contacto de una mano con la cabeza establece una impedancia del 40 % "respecto de la que establece un contacto mano– mano"; y por ello ante la misma tensión de contacto aumenta considerable el peligro pues existirá una mayor intensidad de corriente.

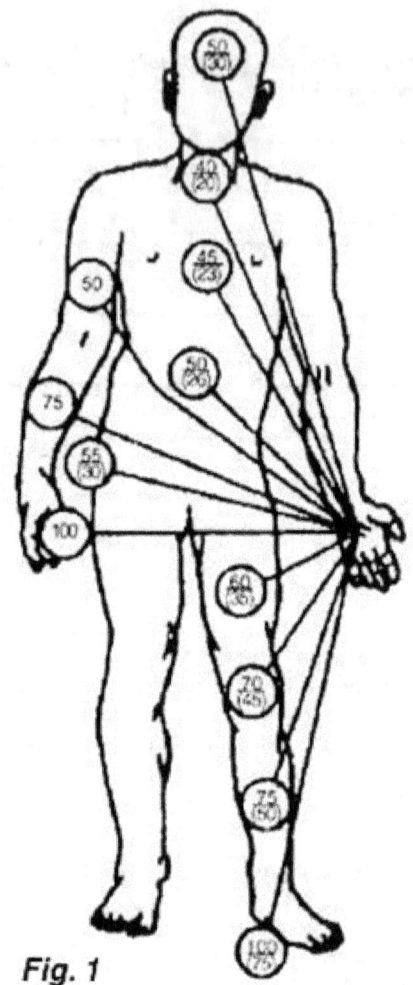

Fig. 1

Trayectoria de la corriente eléctrica

Ante un contacto eléctrico la corriente eléctrica sigue el camino que le ofrece "la menor resistencia", por eso las consecuencias que la corriente eléctrica produce en el organismo depende de los órganos que atraviese.

Hay que comprender que **la fibrilación ventricular se produce cuando la trayectoria de la corriente afecta a la zona cardiaca.** Si la trayectoria no comprende la zona cardiaca se necesitan mayores valores de intensidad de corriente para que se origine la fibrilación ventricular

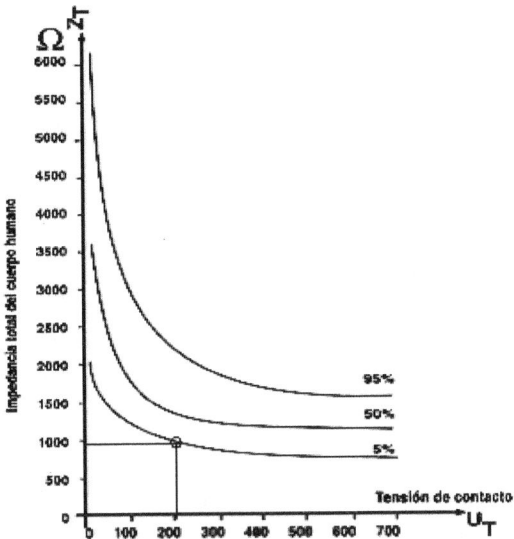

El valor de la impedancia inicial del cuerpo humano al contacto de 220 V se la considera del orden de 1000 ohm para una trayectoria de la corriente eléctrica de mano a mano o de mano a pie. Con este concepto una contacto de 220 V en esas condiciones impulsaría una corriente aproximada de 220 V / 1000 ohm = 220 mA con el consecuente peligro si no es desconectada en el breve tiempo exigido para garantizar la seguridad eléctrica.

Naturaleza de la corriente eléctrica

En líneas generales son diferentes los efectos de la naturaleza de la corriente eléctrica (continua o alterna) sobre el cuerpo humano. Una de las características que los diferencia es la **frecuencia**.

Frecuencia

En **corriente alterna** a mayor frecuencia menor es su efecto sobre el cuerpo humano. Se ha comprobado que a partir de 1.000 Hz *los umbrales que implican afección del organismo aumentan* y por ello disminuyen los efectos sobre el organismo humano.

La corriente alterna de alta frecuencia tiende a circular por la piel sin dañar las masas musculares y los órganos internos. A partir de 100.000 Hz se produce calentamiento de los tejidos por efecto Joule, siendo esta condición utilizada en las tareas de medicina mediante electrobisturi.

Por este motivo, se utiliza corriente alterna de alta frecuencia (aproximadamente de 450.000 Hz) en aparatos electroquirúrgicos con el fin de aprovechar la corriente eléctrica como fuente calorífica y sin originar peligros de electrocución en los pacientes. Por el contrario esa corriente con frecuencia industrial de 50/60 Hz sería **mortal.**

La **corriente continua** es también peligrosa para iguales valores de intensidad de corriente Si el paso de la corriente continua por el cuerpo ocurre durante un periodo de tiempo grande puede provocar electrólisis en la sangre y formación de gases o la denominada embolia gaseosa. Además en corriente continua no existe en la actualidad la posibilidad de instalar una protección de tipo diferencial.

Capacidad de reacción

El efecto que la corriente eléctrica produce en cada persona en un accidente es muy diferente.

Estudios realizados demuestran que estos efectos son función de una serie de **características de la persona afectada, tales como las siguientes:**

- Estado físico y psicológico.
- Grado de alcoholización.
- Nerviosismo o excitación.
- Problemas cardíacos.
- Edad, sexo, fatiga, etc.
- Dormido o despierto (se ha comprobado que una persona dormida soporta aproximadamente el doble de intensidad que si está despierta).

Desde el punto de vista psicológico, existen dos factores que intervienen en la capacidad de reacción de la persona afectada:

- La «personalidad».
- La «preparación psíquica».

En este campo de estudio, la «personalidad» se define como la condición biológica de la persona ante los efectos que puede provocar la corriente eléctrica.

Para determinar dicha condición ante un estímulo eléctrico las experiencias demuestran que las personas sanas disponen de gran resistencia física a los efectos eléctricos, mientras que las personas de constitución débil suelen resultar mejores conductoras de la corriente eléctrica.

Este hecho pone de manifiesto que la tolerancia a los efectos eléctricos es variable para cada persona y en parte está condicionada por sus características físicas y psicológicas. La «preparación psíquica» se ve afectada por el grado de atención que depende, a su vez, del nivel de capacitación técnica y del estado de ánimo de la persona.

Entre las características que influyen respecto de las condiciones de atención de las personas en situaciones de riesgo, están las siguientes:

- La fatiga
- El sueño
- La preparación
- El miedo

2
La Electricidad.
Conceptos y características relacionadas con las puestas a tierra y la seguridad técnica.

1.1. La Electricidad

¿Es un efecto o el flujo de una sustancia?

Estrictamente en lo técnico es un movimiento (flujo) de electrones. Aunque no sea un flujo de algo material, así lo consideramos para poder interpretar la corriente eléctrica en forma comprensible.

Designaciones de las unidades de origen eléctrico

Existen diversos criterios sobre la forma de designar las unidades eléctricas que derivan de nombres propios. Por ejemplo, la Real Academia Española indica que se deben designar a las que provienen de nombres propios en minúscula; como volt, ampere, etc. Pero en general hay acuerdo en designar la unidad con mayúscula en la abreviatura, como ampere (A), volt (V), watt (W), etc.

Por lo tanto, en este trabajo y con un fin práctico se designan las unidades, siempre que sea posible, por su abreviatura. Por ejemplo, A, V, W, VA, etc.

¿Cómo son las relaciones eléctricas?

La conocida "Ley de ohm" establece las relaciones entre la tensión (V), la corriente (A) y la resistencia de carga (ohm).

La corriente eléctrica se entiende como "circulación" de una cantidad de electrones en la unidad de tiempo, pero esa circulación no se podría originar si no se aplicara una tensión eléctrica; siendo la potencia el resultado de la acción conjunta de la tensión aplicada y la corriente resultante. El efecto resultante de la acción conjunta se mide en diversas unidades de igual origen (W, VA, VAr). Decimos que es el resultado de las dos acciones, pues si el circuito está "abierto" la corriente "no circulará" y si no se aplica tensión no se originara la circulación de la corriente.

¿Se deteriora un conductor por transmitir electricidad?

Un "flujo" de electrones se puede establecer y se puede cortar y el conductor no cambiará a través del tiempo por esa circunstancia, siempre que no se supere su corriente admisible.

Circuito

Conforma un "**camino cerrado**" al cual se le aplica tensión para originar la corriente eléctrica. Cuando en un circuito se aplica una tensión eléctrica, de inmediato "**circula**" una corriente eléctrica.

Decir que una corriente **circula** en un circuito no es estrictamente correcto, pero se utiliza a diario para la comprensión intuitiva del fenómeno.

En la realidad, cuando se aplica una tensión a un material conductor, se origina un **efecto** de movimiento de electrones internos de la materia que vuelve a su estado primitivo si suspendemos la aplicación de la tensión.

Ámbito de aplicación de la RIEI

A partir de los bornes de entrada de la protección instalada en el tablero principal (TP) de la instalación de una vivienda, oficina o local (unitarios), abarcando la totalidad de los tableros seccionales (TS) y todos los circuitos conectados eléctricamente a los tableros.

Acometidas aisladas

Acometida es la vinculación de la instalación con la red de la ED

Las empresas de distribución **que colaboran con la seguridad eléctrica** especifican acometidas con componentes aislados. En los esquemas que siguen se observa un ejemplo de este tipo de acometidas aisladas donde las especificaciones técnicas las indica la ED para la instalación del medidor de energía. Posteriormente al tablero principal se debe cumplir la referencia técnica de la RIEI:

PILAR PARA MEDIDOR AEREO MONOFASICO CON SALIDA EN MEDIANERA

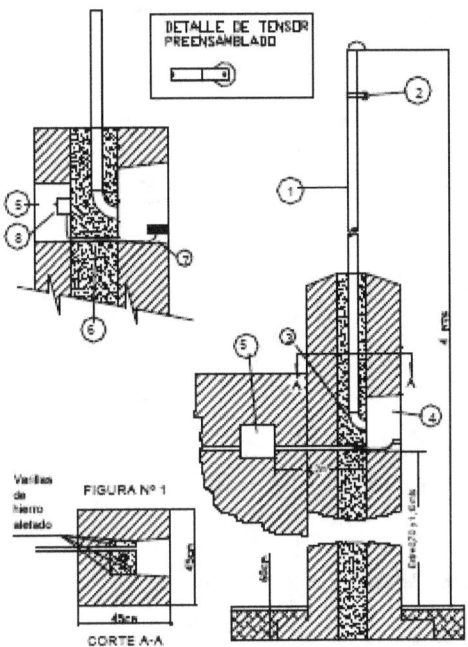

FIGURA N° 1

CORTE A-A

NOTAS:

-El caño de entrada de acero se enfundara interior y exteriormente con un caño de material sintético en toda su longitud.

-La caja de medidor, caja para tablero de cliente y canalizaciones internas serán exclusivamente de material sintético aislante.

-El cable de acometida deberá ingresar sin empalmes al alojamiento del medidor.

-Las estructuras metálicas que forman parte del frente de la propiedad sobre línea municipal, tales como caños, rejas, cercos, portones, canastos o similares, deberán conectarse a una puesta a tierra equipotencial de acuerdo al Reglamento de Instalaciones Eléctricas en Inmuebles de la Asociación Electrotécnica Argentina, quedando ambas bajo exclusiva responsabilidad del usuario. Además de los dispositivos de seccionamiento y protección reglamentados se recomienda la instalación de un interruptor con apertura por corriente diferencial de fuga (IRAM2301), siempre dentro de las normas de la reglamentación AEA90364-7-771.

Pos	Descripción	Cant.	Unidad
1	Caño de acero cincado de 1", Largo 3 metro aislado interior y exteriormente	1	Pza
2	Tensor con aislador MN16	1	Pza
3	Curva de PVC Ø 400mm	1	Pza
4	Caja para medidor de material sintético con dispositivo de corte y bloqueo	1	Pza
5	Caja para tablero de cliente (IP43)	1	Pza
6	Caño flexible en PVC ¾" ignífugo (NO NARANJA)	1	M
7	Cable unipolar aislado en PVC de 4mm2	3	M
8	Interruptor termomagnético Bipolar de 25 A –		

INSTALACION DE LOCAL DE MEDIDORES EN EDIFICIOS – UBICACIÓN EN PLANTA BAJA O SUB-SUELO

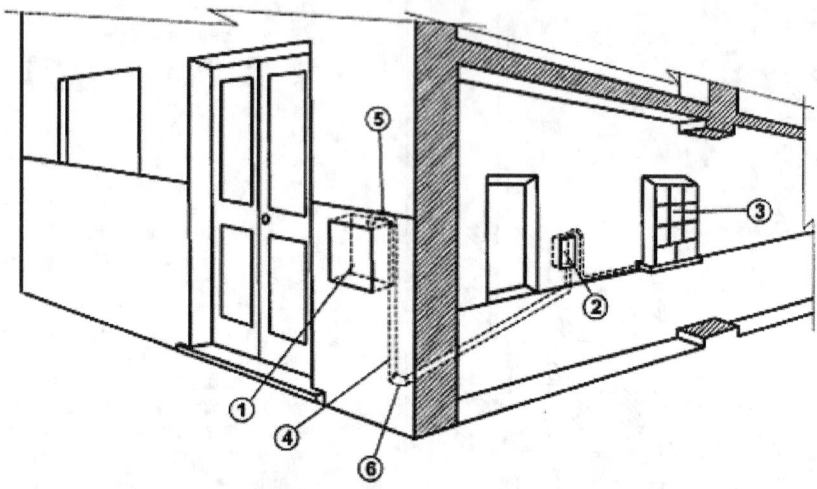

Pos	Descripción
1	Caja de toma primaria
2	Caja secundaria de seccionamiento con seccionador bajo carga
3	Gabinete modular de material sintético
4	Caño de PVC (NO NARANJA)
5	Curva de PVC
6	Curva de PVC

NOTAS:

- La distancia entre el borne de toma primaria y el borne de toma secundaria, medida en longitud de cables, será no mayor a 20 metros
- Los caños, Curvas y codos de PVC tendrán un espesor mínimo de 2,4 mm.
- El espesor de mampostería entre el borde de la pared o piso y el conducto será como mínimo de 5 cm.
- Las características de las cajas de toma y seccionamiento, gabinete de medidores y el diámetro de las cañerías serán de acuerdo a la potencia requerida por el cliente y el número de usuarios a conectar
- Acometida según corresponda.

Aislación básica (se denomina aislamiento en las Normas Europeas)

Aplicada a las partes activas, asegura la protección básica contra los choques eléctricos.

Por ejemplo: aislación de cables.

Aislación suplementaria

Aislación, además de la básica, que asegura la protección contra choques eléctricos en caso de falla de la aislación básica.

Aislación doble

Comprende la básica y la suplementaria.

Característica de un esquema de conexión a tierra TT

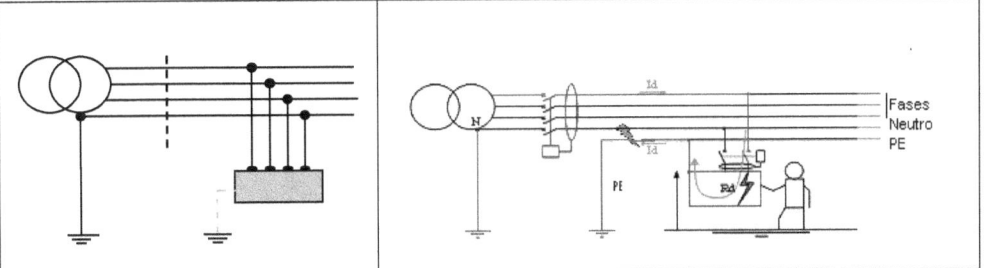

El esquema TT es el exigido por la RIEI para las instalaciones eléctricas de inmuebles alimentadas desde la red pública de baja tensión (380/220V).

En la figura se puede observar una pérdida de aislación **entre el PE** (conductor de puesta a tierra de la instalación) **y el neutro**; situación que genera el peligro de llevar el esquema TT a un seudo esquema TN-C y así quedar invalidada la protección diferencial. Esta es, entre otros motivos, la razón de utilizar <u>conductores aislados</u> como PE en conjunto con conductores aislados en cañerías. En el caso de instalar <u>cables </u>por ejemplo de_ modelo IRAM 2178 en bandejas donde es prácticamente imposible que se pierda la aislación del neutro del cable se permiten conductores desnudos como PE.

En el esquema TT no se debe vincular el neutro con la puesta a tierra

Característica de un esquema de conexión a tierra TN-S

En este esquema el conductor neutro y el PE están separados en toda la instalación y están conectados en el origen del sistema de distribución o PAT de servicio. En este esquema las corrientes de falla se trasforman en cortocircuitos metálicos y el proyectista debe considerar esos valores de corriente de falla para dimensionar los conductores y protecciones asociadas. La utilización de este esquema está prohibida para las instalaciones internas de baja tensión de inmuebles (ver 771.3.3.2.), para otras condiciones de sistema TN-S ver recomendaciones de condiciones de AEA 90364.

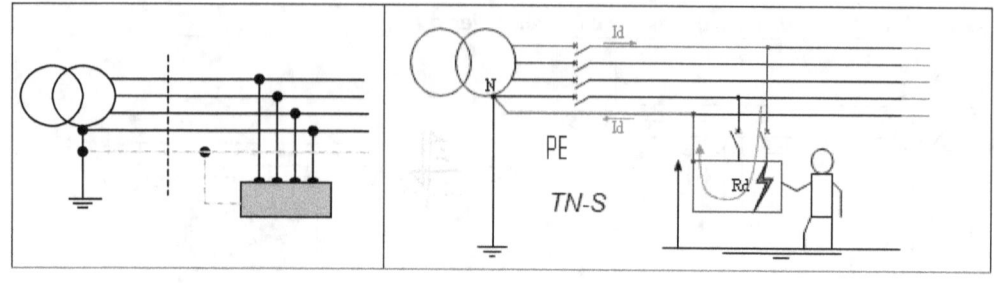

Choque eléctrico

Efecto fisiológico del paso de la corriente a través del cuerpo humano o de un animal.

Contacto indirecto

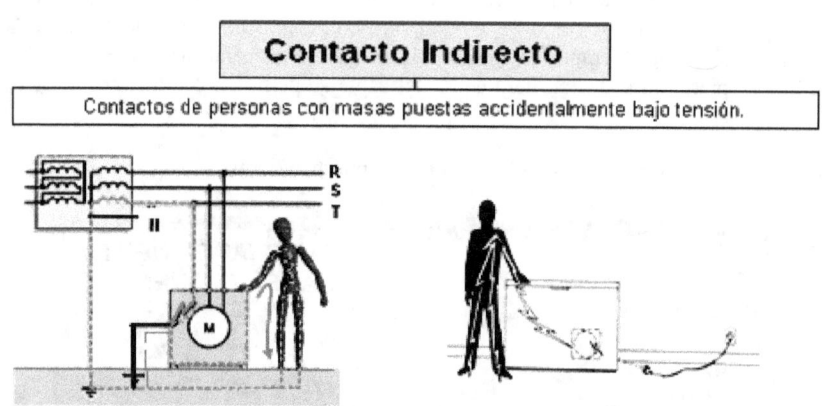

Es un contacto con partes metálicas que normalmente están sin tensión, pero que se ponen en tensión por defectos de aislación. La situación es peligrosa, pues a pesar que la tensión de defecto origina que una parte de la corriente se derive por la PATP obligatoria, una parte de la tensión de defecto puede originar un corriente que ingrese a las personas con el consiguiente peligro. La RIEI exige implementar un sistema de vigilancia permanente de defecto por medio de interruptores diferenciales en el esquema obligatorio TT.

La correcta instalación de PATP con la respectiva continuidad es la primera condición de seguridad necesaria e imprescindible y no debe estar condicionada o reemplazada por ninguna otra medida.

La PATP "es sagrada", pues evita el contacto indirecto que no debería ocurrir si se asegura que la instalación ha sido proyectada con la idoneidad que establece la RIEI de modo de preservar la vida de las personas. El proyecto y la instalación deben resolver el sistema de PATP y la protección de falla a tierra asociada (interruptor diferencial) que garantice la vigilancia y desconexión preventiva ante los contactos indirectos. Una vez establecida una correcta PATP se debe implementar la protección diferencial (según el esquema de conexión a tierra de la instalación) para garantizar que la falla se despejará ante la existencia de una tensión de contacto en las masas de 24 Vca o mayor (Ley 19587 de H. y S. del Trabajo).

Corriente de cortocircuito franco

Resultante de fallas de impedancia despreciable entre puntos que en servicio normal presentan potenciales eléctricos distintos. A veces se origina por falla de aislaciones o por conexiones incorrectas. Un cable, al cual se le ha deteriorado su aislación (por ejemplo, por un pasaje incorrecto o por cañerías con acoples no normalizados que lo han lastimado) o un cable de mala calidad donde su aislación esta "descentrada" o un cable que no está protegido por la correspondiente protección de sobrecarga esta propenso a originar un cortocircuito.

Conexión equipotencial

Coloca las masas y elementos conductores ajenos a un mismo potencial. Por ejemplo, la vinculación por medio de conectores normalizados o por soldadura cuproaluminotérmica de un conductor PE con los hierros de una estructura metálica embebida en el hormigón.

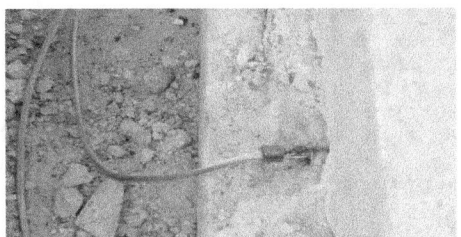

Conductor PE

Conductor de protección que recorre y conecta todas las partes metálicas para asegurar la conexión equipotencial. Es un conductor aislado (verde amarillo) continuo de mínima sección 2,5 mm² en los circuitos del ámbito de la RIEI y que vincula a la PATP de la instalación y no es interrumpido por ningún tipo de protección.

Asegura la vigilancia y desconexión de fallas a tierra por medio de interruptores diferenciales obligatorios en instalaciones de inmuebles.

Se exige de tipo aislado bicolor en circuitos terminales y tableros del ámbito de inmuebles. Se permite desnudo en bandejas portacables, que a veces se utilizan en inmuebles para circuitos seccionales desde TP al TS.

Electrodo de tierra

Elemento conductor adecuado en contacto íntimo con tierra que asegura una conexión eficiente y durable.

Envolvente

Asegura la protección de <u>contactos directos</u> con partes activas materiales o equipos de la instalación eléctrica.

Fallas a tierra

La estadística las menciona del orden del 90% del total de fallas en una instalación eléctrica. Ante esa realidad surge la necesidad de ofrecer un sistema concreto de seguridad por medio de protecciones que detecten y desconecten en forma eficiente las fallas a tierra y las tensiones peligrosas que se generen en los componentes metálicos de la instalación. En el esquema de conexión tierra TT la falla a tierra origina una corriente de defecto que se cierra por la PATP, la tierra y la PATS del transformador de distribución.

Origen de una instalación

Toda instalación tiene su origen donde se transfiere la energía desde la ED hacia la instalación eléctrica ámbito RIEI. Este origen también permite definir los límites de aplicación de la Norma de referencia. Por ejemplo "aguas arriba del borne de entrada de la protección del tablero principal (TP)", la instalación debe cumplir las Especificaciones Técnicas de la ED y "aguas abajo", cumplir con la RIEI de instalaciones eléctricas de inmuebles.

Puesta a tierra de servicio

Establece un potencial de referencia en el conductor neutro. En el esquema de conexión a tierra TT la ED instala una PATS en centro-estrella de transformador de distribución y a veces en varios lugares del neutro de la red de distribución.

En el esquema de conexión a tierra TT o TN-S es posible que en el neutro circulen corrientes de armónicas o corrientes desequilibradas que originen una tensión de neutro respecto a tierra mayor a la tensión máxima peligrosa que establece la RIEI (24 V). Si la ED realiza una PATS en las cercanías del inmueble deberá respetar el concepto de diez radios equivalentes de separación (Tabla 771.3.II de la RIEI) para que la PATP de las masas queden en el esquema TT.

Tierra

Masa de la tierra cuyo potencial eléctrico se toma por convención igual a cero.

Esquema de conexión a tierra TT obligatorio para inmuebles:

Para inmuebles con alimentaciones desde la red de distribución:

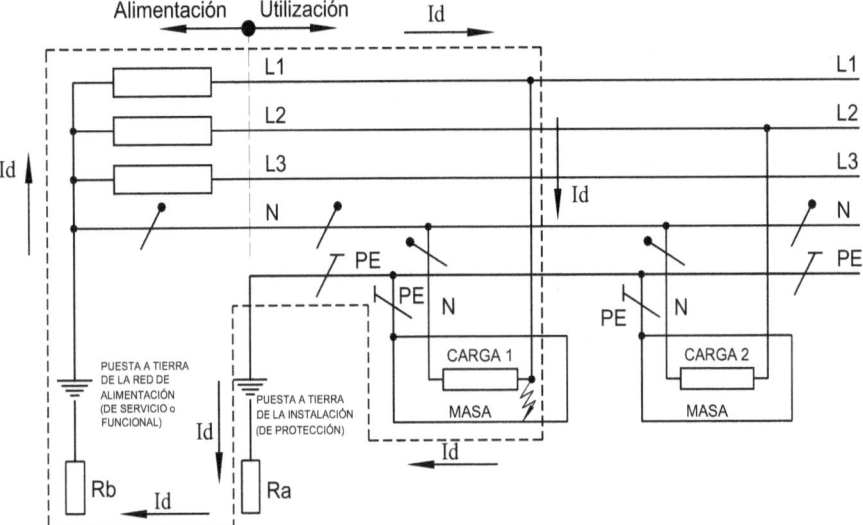

En este esquema, una falla en la carga o consumo hacia las partes metálicas (masas propias) origina un valor de corriente que por medio del conductor PE se cierra hacia la PATP de la instalación y la PATS de la red de distribución. Como en el circuito intervienen la resistencias de las puestas a tierra (no es totalmente metálico), las corrientes de falla están condicionadas por los valores de Ra y Rb y son moderadas y del orden que impongan las resistencias de puestas a tierra. Este esquema permite la detección de falla a tierra, que son de mayor ocurrencia pues en más natural que se pierda aislación en un conductor a que se origine un cortocircuito entre dos conductores. Permite la acción de desconexión de fallas a tierra por medio de interruptores diferenciales que preservan la seguridad de las personas y los bienes.

No se debe confundir el esquema de conexión a tierra de protección de las instalaciones eléctricas con los esquemas de conexión a tierra de las redes de alimentación utilizados por la ED; que por ejemplo ponen el neutro de su transformador de distribución con las masas metálicas de su estación transformadora en esquema TN-C.

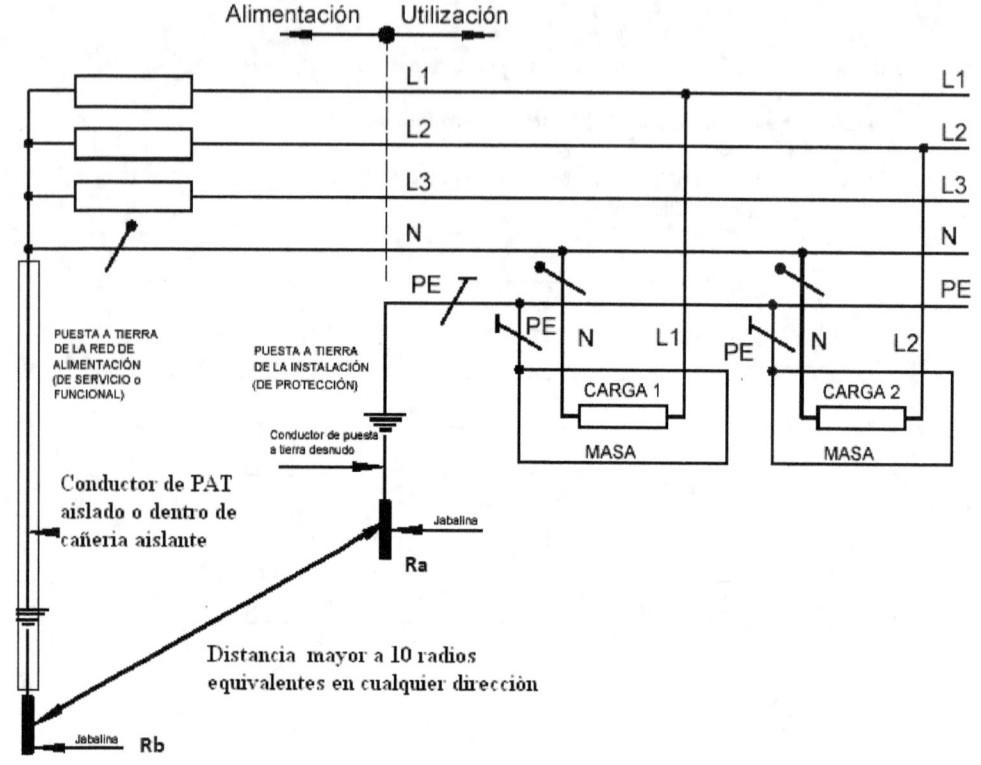

La RIEI denomina como "puesta a tierra eléctricamente independientes" al diseño que logra que la distancia entre la PATP y la PATS de la red de alimentación más próxima a la utilización tengan una separación mínima. Ese diseño permite garantizar que las corrientes de falla a tierra no se conviertan en cortocircuitos fase-neutro y se pierdan las ventajas del esquema TT (cuando la separación es menor a 10 radios mínimos se lo considera un esquema TN-S). Así también se evita la posible tensión peligrosa en la PATP de la instalación por las fallas primario- secundario del transformador de distribución.

El esquema muestra que, utilizando un conductor aislado de PATS o un conductor desnudo en cañería aislante, se logra "aumentar la distancia necesaria de 10 radios mínimos". Esta solución bastante razonable de implementar en la estación transformadora "no es tan fácil de lograr" para una PATS en las cercanías de la acometida del inmueble pero nos sirve de referencia de las posibles soluciones para lograr el valor de 10 radios mínimos. El instalador debe resolver estas exigencias en conjunto con la ED, **teniendo en cuenta que no todas las ED realizan puestas a tierra de servicio con este criterio**.

Esquema TN-C en acometidas (algunas ED de argentina)

PATS en el neutro de cada acometida es decir en cada cliente y en la zona donde se supone que es de su incumbencia. Con este diseño de multiplicidad de puestas a tierra la ED mejora la estabilidad de la PATS ante posibles cortes del cable neutro de su red. Se puede observar que son PATS del neutro a la salida de la caja de toma (en el neutro no hay fusible) y en la salida del neutro del mismo medidor. NO se ponen a tierra las cajas de toma o de medidor (NO es masa).

**ESQUEMA UNIFILAR PARA ACOMETIDAS
DESDE RED AÉREA**

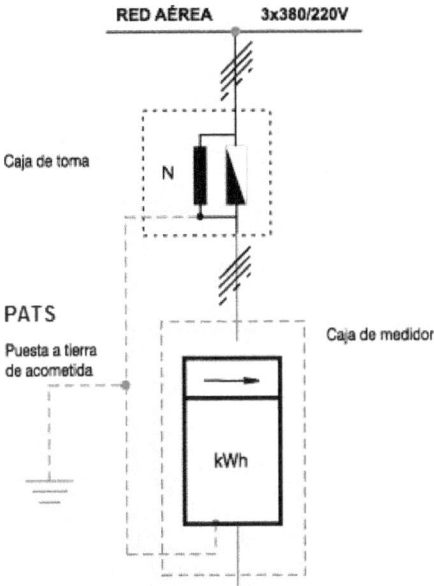

Esquema TT en ámbito AEA

Como el ámbito AEA 90364 comienza en el borne de ingreso de la protección instalada en el TP y como se necesita desde ese borne y "aguas abajo" un esquema TT, se debe separar la PATS de la PATP como lo establece la AEA 90364.

ACOMETIDA TRIFASICA CON NEUTRO

Tablero principal de
material sintético
provisto de:
· Interruptor
automaticoo
tetrapolar.
· Interruptor diferencial
tetrapolar: podrá ubicarse
según defina proyectista
conforme Reglamentación AEA

**ESQUEMA TT EN
ZONA DE
INCUMBENCIA AEA**

Puesta a tierra del
cliente (debe
instalarse a una
distancia no menor
a dos veces su
longitud respecto
de la puesta a tierra
de la acometida.)

Tablero seccional

Circuitos

Algunos diseños a los fines didácticos tomando Normas Europeas.

El concepto de proyecto de establecer una PATS por medio de un conductor aislado es de práctica en algunas Normas Internacionales para las Estaciones Transformadoras como se puede observar en el esquema que sigue:

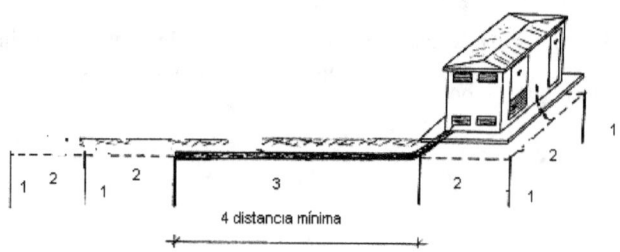

1 jabalinas verticales

2 Conductores desnudos de PAT

3 Conductor aislado de PAT de neutro de transformador

4 Distancias mínimas establecidas por Normas específicas

En cuanto a la distancia o separación entre las dos PAT las Normas citadas brindan una tabla como la que sigue:

34

Separación de los sistemas de puesta a tierra en metros

Resistividad del terreno Ωm	Intensidad de defecto A													
	60	80	100	150	200	250	300	400	500	600	700	800	900	1.000
60	1	1	1	1	2	2	3	4	5	6	7	8	9	10
80	1	1	1	2	3	3	4	5	6	8	9	10	11	13
100	1	1	2	2	3	4	5	6	8	10	11	13	14	16
150	1	2	2	4	5	6	7	10	12	14	17	19	21	24
200	2	3	3	5	6	8	10	13	16	19	22	25	29	32
250	2	3	4	6	8	10	12	16	20	24	28	32	36	40
300	3	4	5	7	10	12	14	19	24	29	33	38	43	48
350	3	4	6	8	11	14	17	22	28	33	39	45	50	56
400	4	5	6	10	13	16	19	25	32	38	45	51	57	64
450	4	6	7	11	14	18	21	29	36	43	50	57	64	72
500	5	6	8	12	16	20	24	32	40	48	55	64	72	80
550	5	7	9	13	18	22	26	35	44	53	61	70	79	88
600	6	8	10	14	19	24	29	38	48	57	67	76	86	95
650	6	8	10	16	21	26	31	41	52	62	72	83	93	103
700	7	9	11	17	22	28	33	45	56	67	78	89	100	111
800	8	10	13	19	25	32	38	51	64	76	89	102	115	127
900	9	11	14	21	29	36	43	57	72	86	100	115	129	143
1.000	10	13	16	24	32	40	48	64	80	95	111	127	143	159
1.400	13	18	22	33	45	56	67	89	111	134	156	178	201	223
2.000	19	25	32	48	64	80	95	127	15	191	223	255	286	318
2.400	23	31	38	57	76	95	115	153	191	229	267	306	344	382
3.000	29	38	48	72	95	119	143	191	239	286	334	382	430	477

Si la falla a tierra se originara en la parte de 13,2 kV de la Estación, la tensión de falla a tierra de 7620 V originaría con un Rt del orden de 10 ohm una intensidad de defecto del orden de 800 A. En ese caso y con una resistividad típica de 100 ohmxm el cable aislado que se debería tender es del orden de 13 metros más las conexiones.

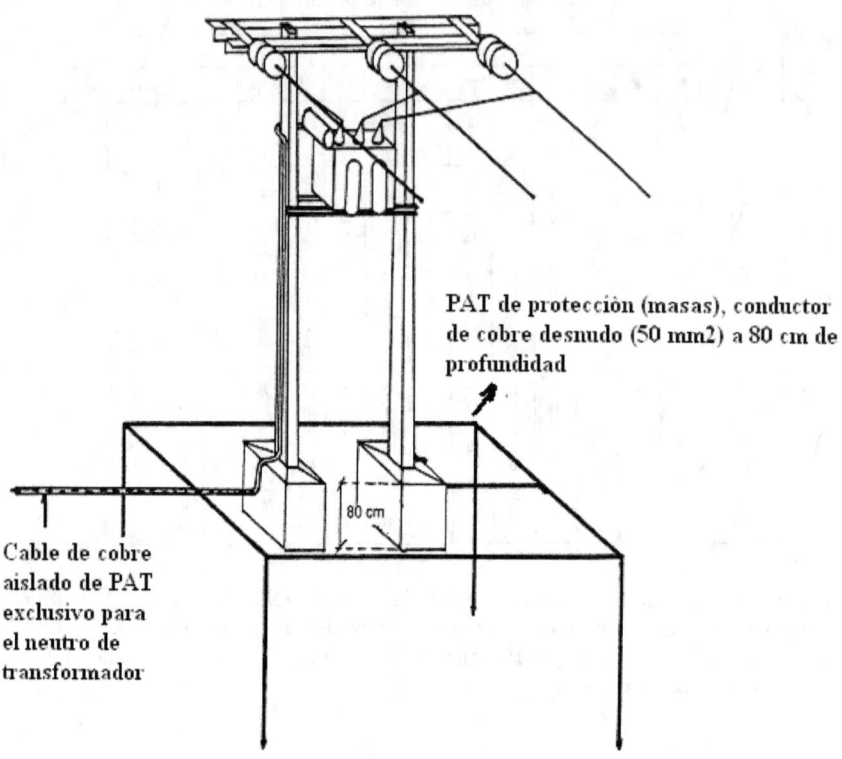

PAT de protección (masas), conductor de cobre desnudo (50 mm2) a 80 cm de profundidad

80 cm

Cable de cobre aislado de PAT exclusivo para el neutro de transformador

Ejemplo de tierras separadas con PAT de neutro AISLADO

Pero también hay diseños con PAT unificadas, por eso el proyectista debe consultar las Normas de su diseño. Como ejemplo se puede citar el diseño con PAT unificadas y los requisitos mínimos de este diseño.

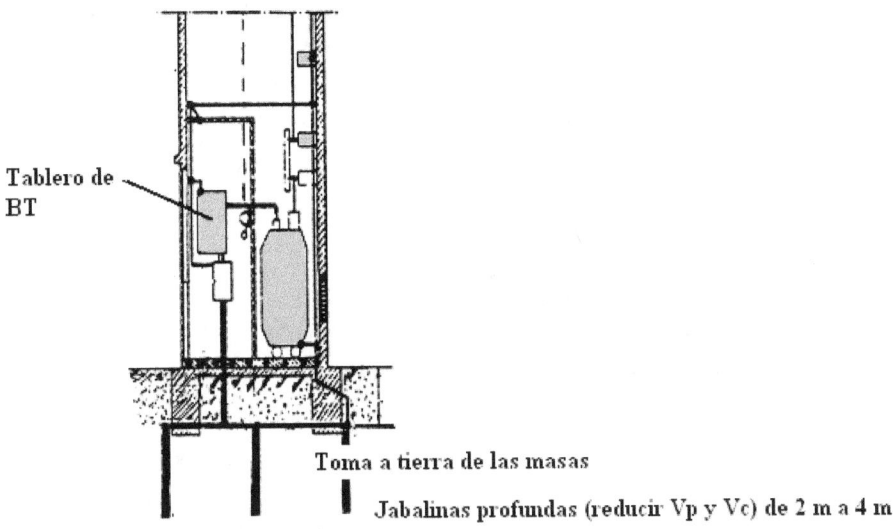

Tablero de BT

Toma a tierra de las masas

Jabalinas profundas (reducir Vp y Vc) de 2 m a 4 m

Algunas Normas establecen requisitos mínimos para el diseño de PAT en Est Trasf.

Resistencia máxima del electrodo de tierra para una toma de tierra única

I_d (A)	Resistencia (Ω)
50	20
100	10
150	6.5
200	5
300	3
500	2
1.000	1

Por ejemplo y con una corriente de defecto del orden de 1000 A, la resistencia
de PAT unica máxima de diseño es de 1 ohm

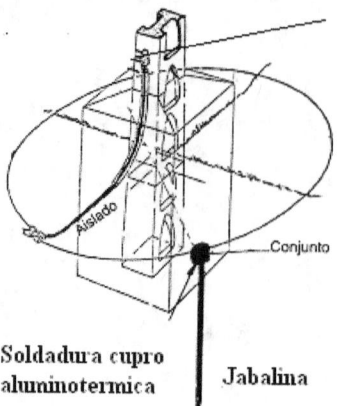

Cable aislado de PAT
Conexiòn de acero inoxidable
Cubierta de protecciòn mecànica
del cable por caño de PVC.

Soldadura cupro
aluminotermica   Jabalina

PAT en apoyos de hormigon implantado en lugares de pùblica concurrencia en el que
estàn instalados aparatos de

MANIOBRA

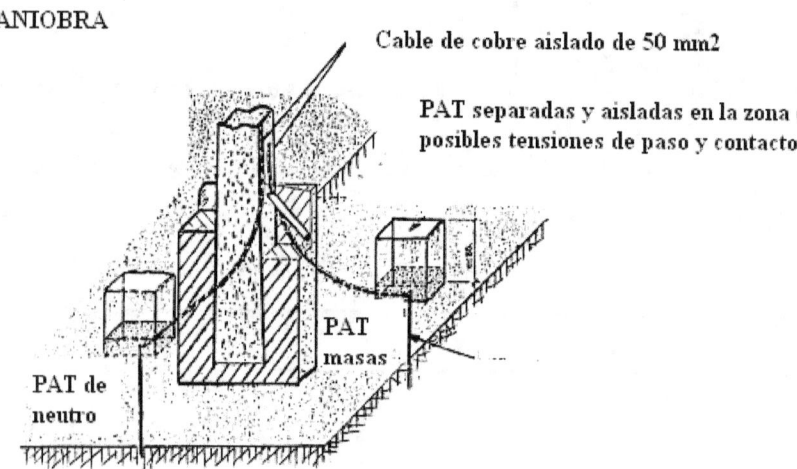

Cable de cobre aislado de 50 mm2

PAT separadas y aisladas en la zona de
posibles tensiones de paso y contacto

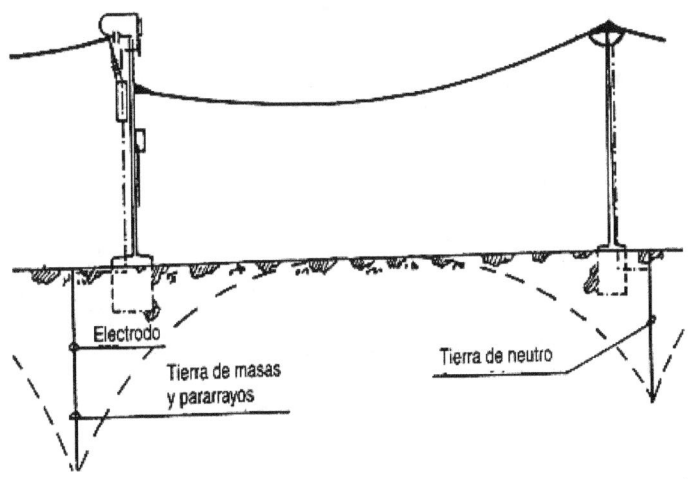

Puesta a tierra separada en un Centro de Transformación implantado sobre un terreno de 100 Ω · m de resistividad.

Conductores y cables no permitidos (RIEI punto 771.12.1)

No deben utilizarse en circuitos de instalaciones eléctricas en inmuebles las cuerdas desnudas (excepto como dispersores enterrados o de PATP en bandejas portacables).

Sección del conductor de protección

En circuitos para usos generales y especiales ámbito RIEI:

- **Sección mínima de 2,5 mm²** en todo el recorrido de la instalación.

En cuanto a la exigencia de la RIEI de utilizar la sección mínima de **2,5 mm² en el conductor PE**; el criterio responde a evitar la disminución en la eficiencia de la PATP por posibles esfuerzos en la conexión mecánica en cajas, caños y otros puntos que lleguen a disminuir o cortar la sección del conductor de PAT. Además, la interrupción de la continuidad de PATP no se puede verificar, salvo con las mediciones periódicas aconsejadas.

Protección simultánea contra los contactos directos e indirectos por MBTS

Los circuitos secundarios de MBTS no deben ser conectados a tierra, ni a partes activas o conductores de protección pertenecientes a otros circuitos.

- Los conductores de los circuitos con tensiones diferentes estarán separados por una pantalla metálica conectada a tierra.

Las fichas y tomacorrientes empleados en MBTS no deben ir provistas de contacto de protección (no deben permitir la conexión de un conductor de protección).

Las masas de los equipos eléctricos conectados a los circuitos MBTS, no deben estar conectadas a tierra, ni a conductores PE o masas de otros circuitos.

Seguridad ofrecida por la Clase de aislación del equipo

Clase de un equipo

En figura más adelante se indican las formas **"genéricas"** de conectar a tierra las masas o partes metálicas.

CLASE	CARACTERÍSTICA
0. Sin protección	Peligro total ante falla de la aislación básica hacia la superficie externa metálica.
I. Puesta a tierra de la masa	El peligro está relacionado con la actuación segura de la protección asociada al sistema PAT de protección (interruptor diferencial obligatorio en tablero seccional).
II. Aislación doble	Sin peligro de contacto hacia el usuario.
III. Seguridad intrínseca por utilizar fuente de MBTS	Sin peligro aun ante contactos.

Equipo de Clase 0:

Significa una protección contra shock eléctrico sólo basada en una aislación básica y no se conectan las masas o partes metálicas a tierra a un conductor de protección. Este tipo de equipo no está permitido en los alcances de la Normativas y Regulaciones argentinas.

Equipo de Clase I:

Significa una protección contra shock eléctrico basada en su aislación básica y se conectan la masa o partes metálicas a tierra por medio de un conductor de protección **incorporado al cable y ficha de conexión del equipo.**

La RIEI indica, además de la PATP de estos equipos, el uso obligatorio del interruptor diferencial (desconexión automática de la alimentación).

Equipo de Clase 0-I:

Si a un equipo de Clase I, por desconocimiento de la seguridad que establece la continuidad de la PAT de protección por ficha normalizada de conexión (2P +T), **se le interrumpe su PATP** mediante el uso de un "adaptador" de los prohibidos para "adaptarse" a un tomacorriente sin toma de tierra (ya prohibido), el equipo pasa a ser de Clase 0-I (IRAM 2092 Parte 1, IEC 60335 Parte 1 Párrafo 2.4.6.). Esta práctica está totalmente prohibida, pues no responde a las normas de seguridad eléctrica, ni de productos ni de instalaciones establecidas por la RIEI.

También están comprendidos en Clase 0-I los antiguos electrodomésticos como heladeras, lavarropas, etc. Estos tienen en su parte metálica una conexión para un cable de protección de modo que esa conexión no está integrada a la ficha de conexión de tensión del equipo.

Equipo de Clase II:

Significa una protección contra shock eléctrico basada en su aislación básica más una suplementaria exterior (doble aislación). Este diseño ofrece una total seguridad y por lo tanto no es necesaria la conexión a tierra de las masas o partes metálicas internas. Por ejemplo, el uso de artefactos de iluminación en Clase II, utilizados en la "zona de protección" de baños.

Equipo de Clase III:

Significa una protección de seguridad total basada en alimentar el equipo con una fuente de MBTS (<24Vca). Los esquemas que siguen muestran la forma genérica en los diseños de los equipo de cada Clase. La conexión de Clase I para la fase, neutro y PAT de protección debe ser realizada en forma conjunta mediante la ficha Norma IRAM correspondiente.

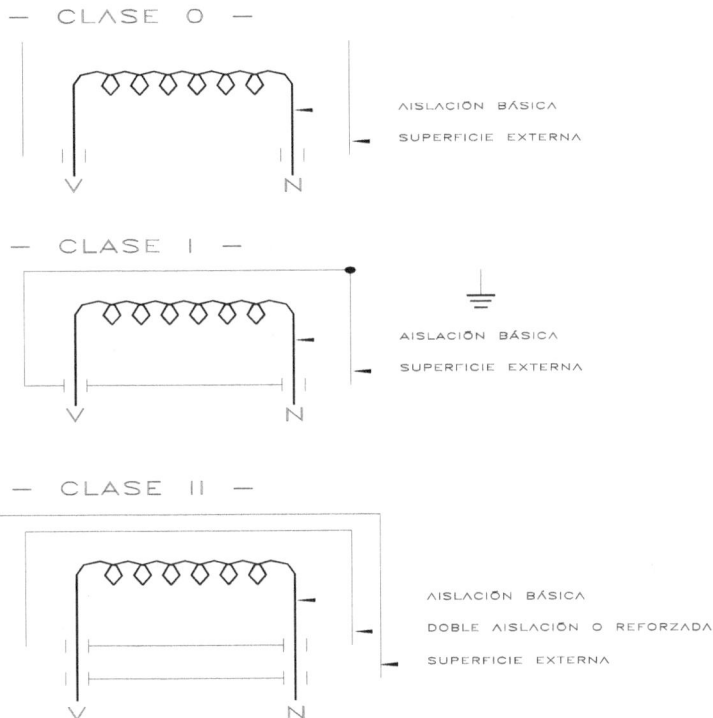

Equipos especiales de Clase II

Ejemplo: los equipos de computación a veces fabricados con envoltura de Clase II (superficie externa de material aislante). Si se observa su ficha de conexión se notará frecuentemente que se indica su conexión correspondiente de fase, de neutro y de PATP.

Se debe respetar la conexión de la ficha de origen, pues estos equipos tienen filtros y protecciones internas que deben estar conectadas a tierra. Por ese motivo se indica la PATP del equipo, a pesar que es de Clase II.

Ejemplo de utilización de fuente de M.B.T.S.

Iluminación de pileta de natación utilizando fuente de M.B.T.S (transformadores de aislación galvánica de 220 V/ 12 V) y cañería de material sintético.

En este ejemplo se muestra un sistema para alimentar dos luminarias de 150 W en 12 Vca., mediante un tablero denominado T.Pil.

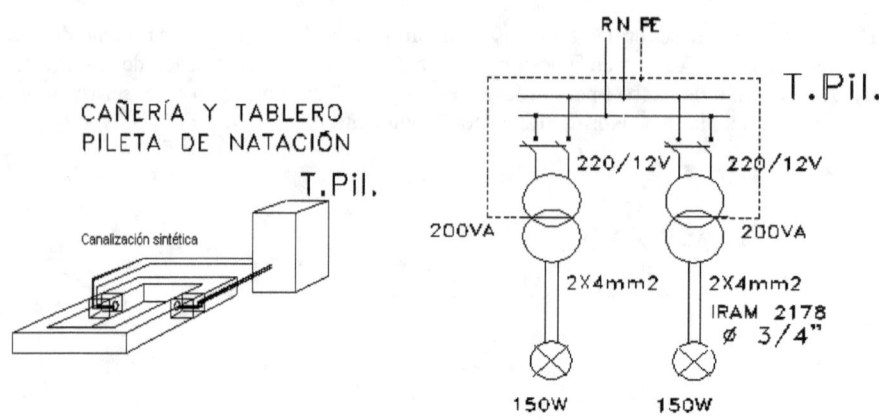

Nota importante: El sistema reductor de 220 V a 12 V debe ser obligatoriamente mediante transformador de seguridad, "no" debe instalarse un autotransformador o sistema electrónico reductor de tensión o un transformador que no cumpla los requisitos de seguridad establecidos en la RIEI para la MBTS.

Los trasformadores de seguridad se fabrican con:

• El bobinado primario y el secundario en columnas diferentes, de modo que la separación sea galvánica y, por medio del núcleo con el núcleo conectado al sistema de PATP.

• Los bobinados primario y secundario en la misma columna, pero con una pantalla metálica intermedia entre ellos que se vincula a la PATP.

Seguridad preventiva para evitar contactos eléctricos peligrosos

Como la mayoría de los equipos o dispositivos utilizados en instalaciones eléctricas tienen partes metálicas, ellas deben estar eficientemente puestas a tierra.

Se debe establecer un sistema de continuidad de PAT de protección entre todos los elementos y equipos instalados (caños, cajas, equipos, etc.), mediante un conductor aislado verde-amarillo (PE) de cobre de sección mínima de 2,5 mm^2.

Esta conexión a tierra de las masas que puedan adquirir tensión y quedar electrificadas es totalmente obligatoria y prioritaria respecto de las otras medidas de protección.

Explicación sobre la prioridad de la PATP sobre todas las otras medidas:

• El lector se preguntará ¿cuál es la razón de exigir una PATP siendo obligatoria la instalación de un interruptor diferencial?

La pregunta es de suma importancia y se puede contestar con algunos ejemplos:

Si no existe la PATP en una instalación y ante un contacto indirecto, **es la persona** la que hará actuar la protección diferencial, es decir se pierde la seguridad preventiva establecida por la RIEI para contactos indirectos. Sin PAT el contacto se convierte en contacto directo.

Si no existe la PATP en un TP (aguas arriba del TS) que contiene la protección diferencial de contactos indirectos de 300 mA, puede existir una falla "no despejada en una masa" que involucre una tensión mayor a 24 V entonces el contacto se convierte en directo con el agravante que la protección diferencial, en este caso es de 300 mA, no es apta para salvaguardar la vida humana.

Por lo mencionado anteriormente, la instalación del sistema y conexiones equipotenciales de PATP de toda masa metálica factible de quedar electrificada por una falla de aislación es lo primero que se debe establecer y asegurar en toda instalación eléctrica. La equivocada concepción de diseñar o tener protección diferencial sin PATP es inaceptable para lograr un diseño seguro de las instalaciones eléctricas.

Ejemplos de peligro por contactos eléctricos

El sistema de distribución puede originar tensiones respecto a tierra y la posible circulación de corrientes a tierra por personas o instalaciones.

En las figuras que siguen se observan las corrientes peligrosas y algunos contactos indirectos (de mayor ocurrencia) donde:

- La masa metálica **no tiene** tensión respecto a tierra producida por una pérdida de aislación. La persona no recibe ninguna tensión de contacto (Uc=0).

- La masa metálica adquiere **tensión** originada por una pérdida de aislación y la masa **está aislada de tierra** (por ejemplo se desconectó la PATP, se puso un "adaptador" de tres /dos patas y se perdió la PATP.). La persona recibe la tensión de pérdida de aislación de hasta 220 V (Uc = Uo) y esta situación está muy peligrosa.

- Existe una **tensión de pérdida de aislación** pero la masa metálica está vinculada a la PATP (por medio de Ra) según establece la RIEI para asegurar que operen las protecciones de falla a tierra obligatorias. Es conocido que no se puede garantizar en una instalación con esquema TT la suficiente corriente que accione las protecciones de detección primaria (interruptores automáticos o fusibles), por lo que la RIEI indica como obligatorio establecer la protección diferencial que garantiza que la corriente a tierra será detectada y el correspondiente tramo de circuito desconectado antes que una persona tome contacto con una tensión peligrosa mayor a 24 V originada por una falla de aislación.

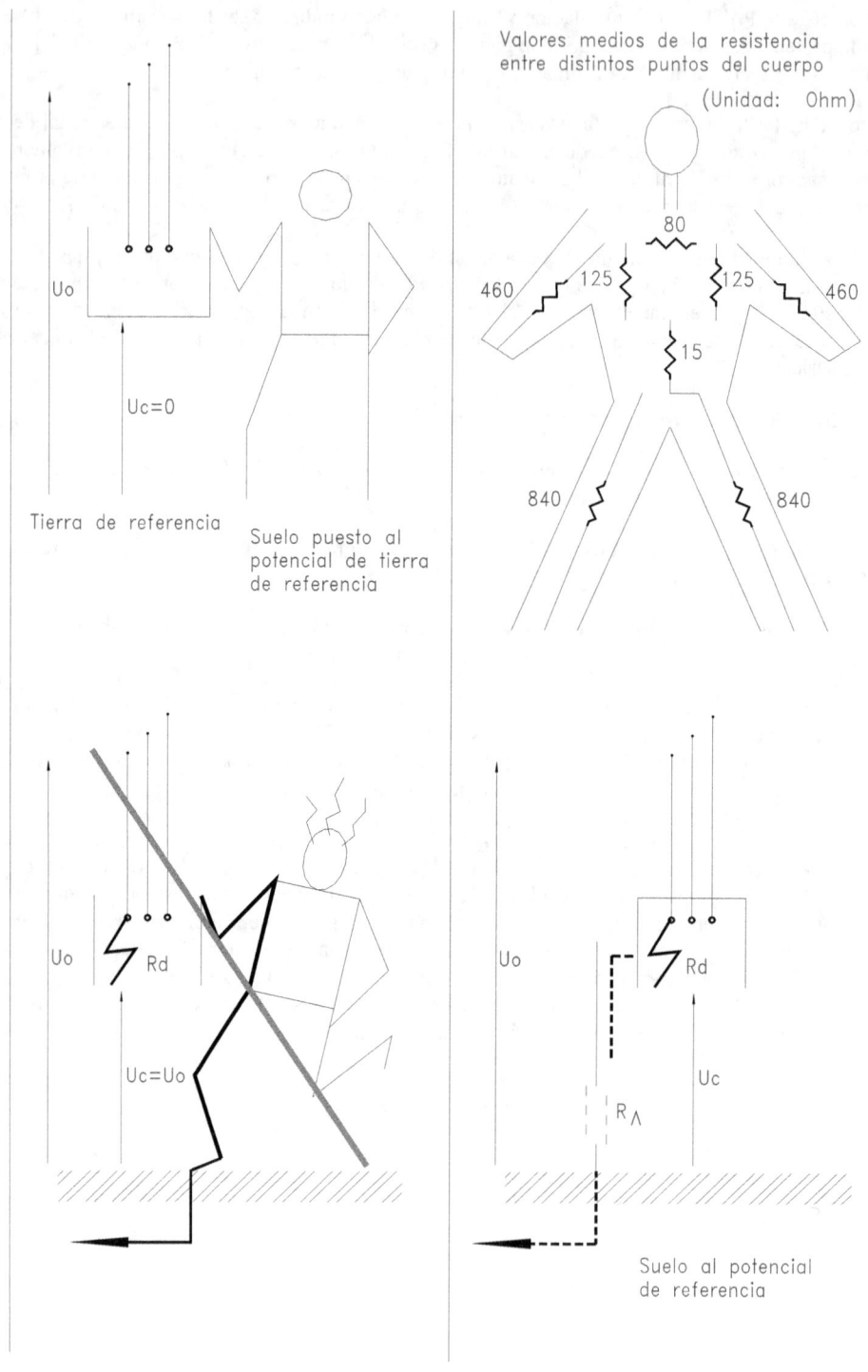

Uo

Uc=0

Tierra de referencia

Suelo puesto al
potencial de tierra
de referencia

Valores medios de la resistencia
entre distintos puntos del cuerpo

(Unidad: Ohm)

80

460   125   125   460

15

840   840

Uo   Rd

Uc=Uo

Uo   Rd

Uc

$R_\wedge$

Suelo al potencial
de referencia

Protección diferencial. Relación corrientes / tiempos peligrosos para el ser humano

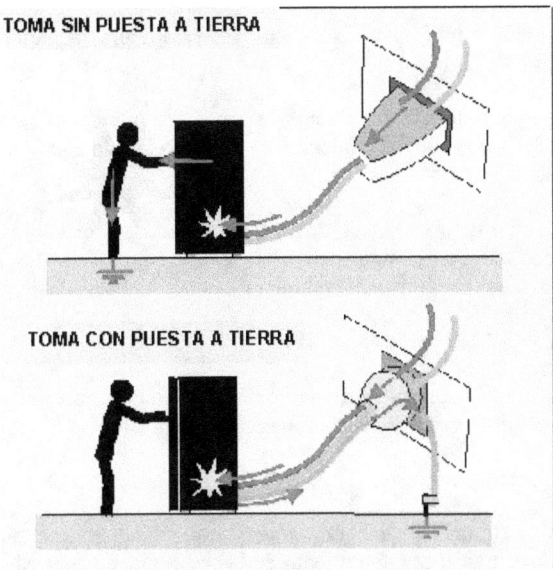

- El interruptor diferencial **bajo Norma** de corriente diferencial de 30 mA puede operar entre 15 mA y 30 mA. Esta característica debe ser contemplada por el proyectista de la instalación, pues existen equipos que originan pérdidas a tierra (armónicas) que si bien son de pocos mA, si se acumulan pueden originar acciones intempestivas del interruptor diferencial. Esto se acentúa en las fugas a tierra capacitivas cuando existen las denominadas armónicas de corriente y tensión que generan los equipos informáticos, fuentes conmutadas, balastos electrónicos, etc.

Seguridad por instalar un "sistema continuo" de PATP (conductor PE)

Se realizan para lograr un sistema de protección a los contactos eléctricos.

La elección y el montaje de los materiales deben asegurar los valores de resistencia establecidos en las Normas para la protección y el funcionamiento previstos de la instalación.

El diseño debe considerar que las corrientes de falla a tierra y las corrientes de fuga que puedan circular sean detectadas y, si corresponde desconectadas, para no originar peligros ni solicitaciones térmicas o electrodinámicas en los materiales.

Electrodos de PAT de protección (771.C.2.2)

Deberán resistir los daños debidos a la corrosión, pues estarán en contacto con el terreno. Los tipos son variados como jabalinas, pletinas, cables, placas o electrodos incluidos en fundaciones o cimientos.

La solución depende de las condiciones locales del terreno y al valor de la resistencia a lograr. El valor de la resistencia de PATP será proyectada y deberá ser verificada por medición al final de la ejecución.

Algunos de los electrodos convencionales de PATP son:

- Jabalina redonda de 12,6 mm de diámetro mínimo (sección mínima 124 mm^2), según Norma IRAM 2309, como mínimo se debe emplear una jabalina JL14 x 1500.

- Cables de sección mínima (por ejemplo 35 mm^2) con un diámetro mínimo del alambre de 2,5 mm^2, según Norma IRAM 2467.

En obras nuevas, se podrá emplear un conductor de cobre desnudo como electrodo dispersor, colocándolo en el fondo de las zanjas de los cimientos en contacto íntimo con el terreno y que recorra el perímetro de la construcción.

Las canalizaciones metálicas de distribución de agua, de líquidos, calefacción central, etc., no deben utilizarse como electrodos de PATP, pero deben vincularse equipotencialmente con la instalación general de PATP (se interconectarán con el conductor PE).

Barras principales de PATP

En toda instalación se debe instalar una barra equipotencial principal a la que se conectarán los conductores de PATP, los conductores PE y las uniones equipotenciales.

El sistema debe permitir medir la resistencia global de todo el sistema de PATP.

Todos los desmontajes de conexiones deberán requerir utilización de herramientas y ser mecánicamente resistentes para asegurar el mantenimiento de la continuidad eléctrica. En cada punto donde se realiza una toma de tierra se debe instalar una cámara de inspección.

Secciones mínimas de los conductores de PATP y PE

Sección de los conductores de línea de la instalación S [mm^2]	Sección nominal del conductor de protección "S$_{PE}$" [mm^2]
S ≤16	S
16 < S ≤ 35	16
S > 35	S/2

Los valores de esta tabla son válidos si el conductor PE es del mismo material que los conductores activos.

Tipos de conductores de protección

Pueden ser utilizados como conductores PE los conductores que forman parte de cables multipolares, los conductores separados o los conductores aislados dispuestos bajo una envoltura común con los activos (con aislación bicolor verde-amarillo).

Se aceptarán conductores desnudos como PE en **bandejas portacables** y siempre que no existan riesgos de contactos entre conductor desnudo y bornes con tensión o roces entre conductores desnudos y conductores activos.

No se permitirán como conductores PE los revestimientos metálicos (vainas, pantallas y armaduras), las tuberías metálicas o las partes conductoras ajenas (masas extrañas). Las envolturas metálicas, vainas (desnudas o aisladas) y/o caños no pueden ser utilizadas como conductores PE.

Las partes conductoras ajenas no pueden ser utilizadas como conductor PE. Las cañerías o conductos de gas inflamable no deben ser utilizados como conductor PE.

No obstante, será obligatorio conectar a tierra los elementos citados y otros similares, a partir del conductor PE mediante soldadura cuproaluminotérmica o uniones de compresión de calidad reconocida

Mantenimiento de la continuidad de los conductores PE

Deberán estar convenientemente protegidos contra los eventuales deterioros mecánicos y químicos y de los esfuerzos electrodinámicos.

Las conexiones deberán ser accesibles para inspección y ensayo.

No debe insertarse ningún dispositivo en el conductor PE, pero pueden utilizarse uniones desmontables (exclusivamente con la ayuda de herramientas) para mediciones o ensayos.

Características de los terrenos

La resistencia de la PATP depende fundamentalmente del tipo de electrodo y de la resistividad del terreno.

La resistividad del terreno depende del tipo de terreno, humedad del suelo, salinidad, compactación, estratos, temperatura del terreno, factores estacionales, etc.

Humedad y salinidad del suelo: uno de los factores fundamentales para una baja resistividad del terreno es la humedad, que al aumentar disminuye la resistividad del suelo.

El suelo se compone principalmente de dos compuestos con características aislantes como el óxido de silicio y el óxido de aluminio. Las sales reducen la resistividad, pues el proceso electrolítico permite que por el agua del terreno circulen los electrones producidos en la disociación de las sales.

En los suelos con elevada humedad y alto contenido salino, el valor de la resistividad puede ser bajo debido a fenómenos electrolíticos.

En los suelos con poca humedad, los factores más importantes en la resistividad serán la granulometría de las partículas y el aire ocluido en sus intersticios.

Los terrenos arenosos tienen mayor capacidad de absorción de agua que los suelos arcillosos, pero retienen menos. Por esta razón, deben preferirse los suelos arcillosos, con menor drenaje de agua, a los arenosos ya que serán en general más húmedos que éstos, además de tener una menor resistividad intrínseca. Asimismo, y con el objetivo de captar mayor humedad, los electrodos de PATP deben instalarse alejados de plantas y árboles que en general absorben la humedad del terreno.

Un exceso de agua puede ser perjudicial, como ocurre en los cauces de los ríos ya que las sales útiles para el proceso electrolítico serían eliminadas de la zona del electrodo por lavado, haciendo la zona más resistiva.

Estratos del terreno: a medida que un electrodo ingresa en las profundidades va encontrando diferentes estratos formados por diferentes materiales, lo que produce que la resistividad resultante sea una combinación de la resistividad de las diferentes capas y del espesor de cada estrato.

Cuando se desconoce la estratigrafía del terreno, previo a la ejecución de la PATP; puede ser necesario efectuar una medición de resistividad del terreno hasta la profundidad prevista para el electrodo de PATP, ya que una medición de la resistividad superficial y su extrapolación a mayores profundidades puede arrojar valores erróneos.

Compactación: un aspecto fundamental es asegurar la compactación del terreno que rodea al electrodo para garantizar un contacto directo con la tierra.

Cuando se introduzcan electrodos hincados, manualmente o con martillo o en zanja (conductor desnudo), o en pozo (placas), se deberá compactar la zona vecina al electrodo, rellenando previamente con tierra fina y con agregado de agua en forma lenta para ayudar a la compactación.

Temperatura del suelo y factores estacionales: un factor a considerar es la temperatura del terreno y su variación estacional.

La resistividad del suelo aumenta a medida que disminuye la temperatura del terreno, pero cuando el terreno baja su temperatura por debajo del punto de congelación del agua, la resistividad aumenta en forma extremadamente rápida. Esto es debido a que cuando el terreno está por debajo del 0°C, el agua contenida se congela y el hielo así formado es aislante desde el punto de vista eléctrico (impide el movimiento de los iones existentes en el terreno a través del agua).

En zonas donde las temperaturas de invierno puedan alcanzar valores por debajo de los 0° C, los electrodos se deben instalar a mayor profundidad.

Ante la estacionalidad de las lluvias puede haber zonas con períodos de importantes lluvias seguidos de períodos de sequía, por lo que una mayor profundidad de los electrodos garantiza una mayor humedad permanente y una menor resistividad del suelo.

Se recomienda que las mediciones de resistividad del suelo o de la resistencia de PAT se realicen en las épocas más desfavorables (bajas temperaturas y escasez de lluvias).

Puesta a tierra de acometidas y de instalaciones internas. Neutro a tierra en acometidas

Algunas empresas de distribución especifican que las partes metálicas de la acometida deben ser vinculadas a una puesta a tierra mediante conductor de cobre (en general mínimo 10 mm^2) protegido mecánicamente por canalización aislada y conectado a la jabalina o conjunto de puesta a tierra.

Otras distribuidoras de Argentina especifican cajas de medidores aisladas de policarbonato. En estos casos el instalador deberá consultar la especificación técnica de acometida correspondiente.

La conexión de la jabalina al conductor de PATP debe ser accesible, pues el instalador debe realizar posteriores tareas de verificación del valor de resistencia y mantenimiento del sistema de PATP.

Es conocido que la puesta a tierra de la acometida (ver ejemplo más adelante) no garantiza en modo alguno la actuación segura de las protecciones de acometida (tradicionalmente mediante fusibles). Como la responsabilidad de la acometida es de la ED, algunas ED han indicado que las cajas y tableros que contengan medidores eléctricos deben ser tipo "plástico" con tapas de material policarbonato de alta calidad.

Ejemplo:

¿Qué resistencia debe tener el sistema de puesta a tierra de la acometida para garantizar que accionen las protecciones (fusibles) cuando se origina una pérdida de aislación de 24 V en las partes metálicas de la acometida?

Supongamos un fusible de 30 A (generalmente son de mayor calibre) que accione con una corriente mínima a tierra del orden de 2,5 veces su corriente nominal (75 A).

Para lograr esta condición, la resistencia Rt de la puesta a tierra de la acometida debe ser:

Rt = 24 V /75 A = 0,32 ohm

El valor Rt es la suma de Ra mas Rb, y Rb no lo podemos controlar pues lo establece como puesta a tierra de neutro la ED así que el tema desde este punto de vista no tiene solución.

Pretender ese valor de Rt, o un valor aún menor si el fusible fuera de mayor calibre, es de difícil realización práctica e imposible de mantener en esquemas de conexión a tierra TT.

Se puede comentar que, desde lo técnico, este tema sólo tiene solución utilizando cubiertas sintéticas o plásticas (Clase II) en elementos de la acometida y dispositivos de detección de fallas a tierra en el tablero.

La directiva de utilizar cubiertas sintéticas, que por otro lado es tendencia generalizada en todo el mundo, ofrece una mejor garantía para evitar contactos eléctricos indirectos en la acometida y brinda una solución concreta ante la imposibilidad práctica de instalar protecciones diferenciales en la red de servicio.

Es obvio que el contacto directo en la acometida y hasta el TS es prácticamente imposible, pues la acometida y el circuito seccional no son accesibles.

En forma complementaria a este sistema, es una tendencia de las empresas de distribución conectar a tierra el neutro de la red en la acometida. Este diseño de múltiples conexiones de neutro a tierra garantiza a la ED una mayor estabilidad de tensiones de red ante el corte accidental del conductor del neutro y el consecuente sistema desequilibrado sin neutro.

Se aclara que lo indicado anteriormente sobre los detalles técnicos de las acometidas no está incluido en la RIEI dado que el punto de origen de las instalaciones inmuebles y por consiguiente para la ley de Higiene y Seguridad en el Trabajo 19587 comienza en los bornes de entrada del interruptor principal ubicado en el TP.

No obstante, la RIEI indica la necesaria separación entre la PATS más cercana del neutro de la red de distribución pública, (aproximada mínima de 3 m con jabalinas convencionales de 1,5 m) y la PATP de la instalación para evitar que se pierdan las características del sistema TT. Las partes metálicas accesible a usuarios no deben estar vinculada a la puesta a tierra de la acometida (ver más adelante). Si la ED conecta el neutro de la red a tierra, debe garantizar que la tensión de neutro no supere 24 V (se entiende que se refiere a la tensión de neutro que pueda ser accesible a los usuarios en la acometida).

Utilización de jabalinas

Deber cumplir la Norma IRAM. 2309.

Los fabricantes ofrecen componentes para empalmar jabalinas en sentido longitudinal, siendo este sistema muy eficiente donde el terreno tenga una considerable humedad a varios metros bajo el nivel de enterramiento. Desde el largo mínimo de jabalina (habitual según Norma IRAM de 1,5 m) se han dado casos de reducción de la resistencia de PATP logradas con acoples de jabalinas, en algunos casos llegando hasta profundidades de 15 m.

Como en general el terreno presenta mayor humedad con la profundidad, es de esperar una disminución mayor en la resistencia lograda con jabalinas profundas.

Posibles efectos de instalar jabalinas en paralelo: el uso de varias jabalinas "en paralelo" es un medio muy eficiente para disminuir el valor final de la resistencia de la PATP. Con mayores separaciones entre jabalinas se logra una mayor disminución de la resistencia final de la PATP.

La distancia recomendada de separación es del orden del largo de la jabalina o un valor del orden de 2 m.

La experiencia indica que para lograr el menor valor posible de **resistencia de PATP** es necesario un íntimo contacto de la jabalina con la tierra, por lo que electrodo jabalina se debe instalar por percusión (sin perforación previa).

La jabalina **debe responder a Norma IRAM 2309** (jabalina de acero con depósito electrolítico de cobre de espesor mínimo establecido en Norma IRAM 2309), lo que garantiza una perdurable unión metalúrgica cobre-acero y, por lo tanto, una duración aproximada de veinte años de la jabalina ante las acciones de agresividad química del terreno.

El uso generalizado del cobre como material de contacto con la tierra es que el cobre que no es atacado por el agua a ninguna temperatura y además las acciones externas crean una capa de sulfato de cobre (color verdoso) que reduce la oxidación en aproximadamente 1 micrón por año.

La jabalina Norma IRAM 2309 debe tener obligatoriamente grabado **"nombre del fabricante, marca comercial, modelo, y Norma IRAM o Internacional equivalente"**.

En cuanto a cumplir determinados valores de resistencia de PATP utilizando variantes de jabalinas **de 1/2" o jabalinas de 3/4"**, se logra a lo sumo disminuir la resistencia en el orden del 10 % utilizando jabalinas de 3/4" y el costo es casi el doble, por lo que no es conveniente aumentar el diámetro más allá de la necesidad de rigidez mecánica necesaria para su hincado.

Por lo expresado, lo que generalmente se utiliza en instalaciones de inmuebles es jabalina de diámetro 12,6 mm (1/2).

La conexión jabalina-conductor de cobre se realiza mediante accesorios normalizados de tipo grapas de bronce (que permitan desconexiones posteriores para tareas de medición de PATP indicadas como obligatorias), fabricadas para que no expongan el hierro de la jabalina a la agresión del terreno. Esta conexión no debe quedar enterrada sino dentro de una caja de inspección de montaje obligatorio.

Si la jabalina está construida **fuera de Norma IRAM 2309**, como las de tipo acero a la que se le coloca un caño de cobre extruído, se puede prever que ocurrirá una oxidación en el espacio de aire intermedio entre el acero y el cobre; lo que finalmente originará que el óxido que ocupa más lugar que el aire haga un efecto de expansión del tipo de una "explosión" y el consecuente agrietamiento del caño de cobre extruido.

Diversos estudios indican que las características de un electrodo óptimo, donde se busque lograr una baja resistencia y un costo menor, aconseja la utilización de electrodos de tipo jabalina, frente al uso de placas, caños, etc.

Los cables para construir una malla de PAT, por ejemplo perimetral, deben ser de cobre electrolítico de sección mínima del orden de 25 mm^2 a 50 mm^2, o la que indique el proyecto respectivo. Es de práctica el sistema de cuadrículas (malla cuadricular) que se diseña del orden de 0,5 m a 0,7 m de lado y a 0,7 m de nivel de enterrado con uniones normalizadas.

Si se han previsto bajadas de conductores hacia la malla y se estima que los mismos pueden resultar dañados, se los debe proteger mediante conductos "no metálicos" (caños sintéticos).

Ejemplo de sistema de PATP en edificios a construir

Se colocarán conductores de sección 50 mm^2 formando un anillo en el perímetro de fundación y en fondo de zanjas de cimientos. Todos los conductores estarán en contacto íntimo con la tierra y vinculado a los hierros estructurales mediante soldadura cuproaluminotérmica.

Desde la malla se derivarán los "chicotes" de conexión a la PATP de cajas, tableros, etc.

La Norma IRAM 2281 también aconseja vincular el sistema de PATP y la malla y/o jabalinas, con los componentes metálicos denominados "tierras naturales" del edificio (estructuras que efectivamente están puestas a tierra). Por ejemplo, los hierros embebidos en hormigón de estructura o zapatas de fundación.

Características de los conductores de protección (PE) para la PATP

En general, en instalaciones internas de viviendas o edificios, el conductor de PAT de protección que acompaña a los otros conductores debe ser Norma IRAM NM 247-3 bicolor verde-amarillo. El sistema será **continuo** y no debe ser utilizado para otras funciones (por ejemplo, como neutro de red (Esquema TN-C, prohibido en inmuebles).

Conexiones equipotenciales en edificios con instalaciones eléctricas, equipos y materiales susceptibles de establecer tensiones peligrosas para las personas y los bienes.

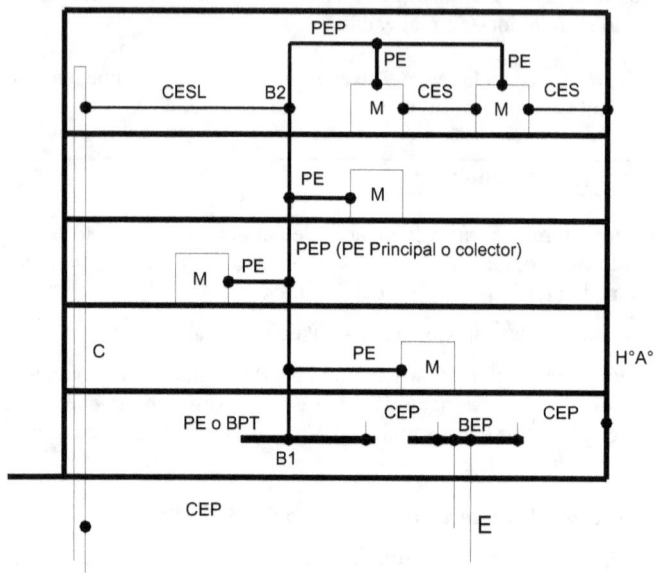

Designaciones del esquema

PE: Conductor de protección.

PEP: Conductor de protección principal o colector.

BPT: Barra de puesta a tierra o barra principal de protección.

BEP: Barra equipotencial principal.

M: Masa eléctrica o parte accesible de un equipo o material eléctrico.

C: Masa extraña ajena a la instalación eléctrica (cañerías y conductos metálicos para agua, gas, calefacción, etc.).

CEP: Conductor de interconexión equipotencial principal.

CESL: Conductor de interconexión equipotencial suplementaria local.

CES: Conductor de interconexión equipotencial suplementaria.

HA: Hierros estructurales con continuidad hacia las fundaciones.

E: Electrodos e puesta a tierra (jabalinas).

Las BPT o BEP o PE pueden coincidir.

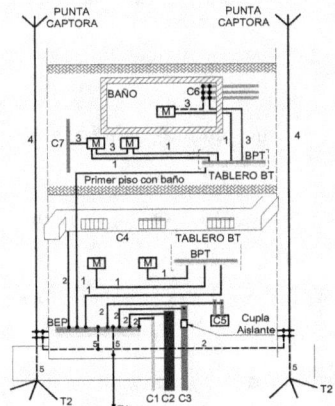

1, 2, 3: Conexiones e interconexiones de masas, cañerías y ductos metálicos a barras de puesta a tierra.

4. Conductores de bajadas del sistema de protección contra descargas atmosféricas o sistema de protección contra el rayo (SPCR).

5. Interconexión equipotencial entre las puestas a tierra del SPCR y la PATP.

T2: Electrodos "pata de ganso" del SPCR.

T1: Electrodos (jabalinas).

Bornes principales de puesta a tierra

En toda instalación debe preverse un borne o barra principal de tierra, para la conexión de los siguientes conductores:

Conductores de tierra.

Conductores de protección que no estén conectados a este terminal a través de otros conductores de protección.

Conductores de conexión equipotencial principal.

La conexión al borne principal de tierra, debe realizarse de forma de poder desconectarse individualmente cada conductor conectado al mismo. Esta conexión además se realiza de forma que su remoción solo debe ser posible por medio de una herramienta. Es habitual la utilización de cajas de borneras para la convergencia de PATP.

En algún caso puede ser necesario instalar más de un borne o barra principal de tierra para realizar las conexiones indicadas. En este caso los conductores de tierra se conectan todos a la misma toma de tierra.

Conductores de protección (PE)

Todo circuito debe incluir el conductor de protección, ya que el mismo provee la conexión a tierra de todas las masas de la instalación.

Los mismos conducen las corrientes de falla de aislación, entre un conductor de fase y una masa, a través del neutro de la fuente.

El conductor PE es conectado a otro conductor PE o al borne principal de tierra de la instalación, y a los electrodos de tierra a través del conductor de tierra.

Los conductores de protección en las instalaciones a partir del TS deben ser aislados e identificados con los colores verde/amarillo (en otros casos desde los TP y para circuitos de tablero a tablero se permite desnudo cuando el resto de los cables utilizados en la bandeja sean tipo IRAM 2178) y deben estar protegidos contra daños mecánicos y químicos.

Como conductores de protección pueden utilizarse:

- Conductores aislados formando parte de cables multipolares;

- Conductores aislados agrupados con otros cables;

- Conductores aislados separados.

No se permite usar como conductores de protección, elementos conductores extraños, como por ejemplo:

- Cañerías de agua;

- Cañerías que contengas gases o líquidos inflamables;

- Soportes de canalizaciones.

El conductor PE no debe incluir ningún medio de desconexión, asegurando la continuidad del circuito de protección.

Las partes conductoras que se conectan al conductor PE, no deben quedar conectadas en serie con dicho conductor.

En el recorrido del conductor de protección no deben instalarse protecciones (fusibles o interruptores automáticos). Sólo se admite que el conductor de protección pueda ser interrumpido por dispositivos mecánicos, que son necesarios para las comprobaciones de verificación de continuidad exigidas.

En pasos por paredes o lugares expuestos, se protegerá los conductores de protección ante las posibles acciones mecánicas, químicas o electrodinámicas que lo puedan deteriorar.

Las uniones equipotenciales o uniones entre diversos sistemas puestos a tierra (vinculación de bajadas relacionadas a protecciones contra descargas atmosféricas o para sistemas de comunicaciones) deben ser visibles y accesibles.

Conceptos a cumplir en instalaciones de PAT de protección según Norma IRAM 2281-I.

Cuando sea posible elegir el sitio de la PAT, se pueden adoptar las siguientes medidas:

- Un suelo con cantidad de humedad tipo pantanoso o el tipo más común arcilloso con mínimo componente de arena, evitando los pedregosos o de basalto.

- Se elegirá suelo de "no buen drenaje" **pero no llegar a suelos empapados**, dado que la ventaja de disminuir a lo sumo un máximo del 20 % de la resistencia de PATP por la presencia de la humedad, es afectada por el lavaje de sales que, en definitiva, aumenta el valor de PATP y la convierte en inestable.

- Cuando no sea posible el clavado de jabalinas, se realizará un agujero por perforación y se llenará el lugar con tierra zarandeada **y luego se hincará la jabalina por percusión.**

En todos los casos, se aconseja que el hincado de penetración de las jabalinas se lo realice con inyección de agua, para evitar huecos y facilitar la salida de aire. El agua se aplicará por goteo alrededor de la jabalina y en el proceso de hincado.

Mejorar el suelo con sales comunes (cloruro de sodio), aunque es económico, finalmente conduce a una rápida corrosión de la jabalina y por consiguiente está prohibido.

Diversos estudios indican que en suelos de resistividad baja (10 a 100 ohm.m) la resistencia de PATP que establece el electrodo disminuye, en general, con la profundidad de hincado hasta profundidades máximas de 6 m. A más profundidad, no se logra reducciones sustanciales en el valor de resistencia de PAT de protección y el costo de electrodos y mano de obra, aumenta.

No es posible asegurar que por el sólo hecho de instalar una PATP accionará en todos los casos un interruptor automático ante una falla a tierra.

Si suponemos una Rt (Ra mas Rb) de 10 ohm, la corriente de falla a tierra (con tensión de falla 220 V) será 22 A. Un interruptor automático convencional de 16 A o 20 A no accionará y la falla no despejada se convierte así en peligrosa para personas (tensión de contacto) o corriente de falla en instalaciones.

Como los esquemas TT pueden tener resistencias de PATP Ra de hasta 40 ohm no es posible, en este esquema, proteger contra el contacto indirecto con interruptores automáticos y se deben utilizar en forma obligatoria y por seguridad los interruptores diferenciales.

Predeterminación teórica de valores resultantes de PAT

Consultando la Norma IRAM 2281 y bibliografía, se pueden predeterminar resultados teóricos aproximados de resistencia de PAT logrados con jabalinas de 5/8" de diámetro.

Tabla de valores con relación a largo de jabalina y resistividades de terreno de 10 a 55 ohm.m (terrenos ideales, zona de Pampa Húmeda argentina o similares)

Largo de jabalina (m)	RESISTIVIDAD DE TERRENO (ohm.metro)									
	10	15	20	25	30	35	40	45	50	55
1,50	7,12	10,68	14,24	17,86	21,36	24,92	28,48	32,04	35,60	39,16
2,00	5,57	8,35	11,14	13,92	16,71	19,49	22,28	25,06	27,85	30,63
3,00	3,93	5,89	7,86	9,82	11,78	13,75	15,71	17,68	19,64	21,60
4,50	2,76	4,14	5,52	6,91.	8,29	9,67	11,05	12,43	13,81	15,19
6,00	2,15	3,22	4,30	5,37	6,44	7,52	8,59	9,67	10,74	11,81

También se indican valores de corrección cuando se instalan jabalinas en paralelo como sigue:

Número de jabalinas en paralelo	2	3	4	5	6	7	8	9	10
K	0,57	0,42	0,33	0,27	0,24	0,21	0,19	0,17	0,15

Ejemplo:

Resistividad del terreno = 55 ohm.m.

Jabalina seleccionada = JL-16 x 1500.

De la Tabla se obtiene un valor de R = 39,6 ohm con una sola jabalina. Si se colocan 2 jabalinas se debe corregir el resultado con k = 0,57, lo que en definitiva conduce a un valor de:

R_4 = 0,57 x 39,16 Ω = 22, 32 ohm.

Al instalar las dos jabalinas se debe verificar que, entre ellas, exista al menos 2 m entre sus ejes de clavado (para evitar interferencias entre ellas respecto de lograr una disminución del valor de PAT).

Este tipo de soluciones sencillas no es posible en ciertas zonas áridas o semiáridas de nuestro país, por lo que siempre es recomendable la vinculación del sistema de PAT de protección a los llamados "electrodos naturales" (hierros estructurales de una edificación como ya se mencionó).

Seguridad por evitar el traslado de tensiones peligrosas

Traslado de tensiones peligrosas desde las masas de la acometida a las masas del inmueble.

La RIEI establece que el nivel de seguridad de la instalación interna del inmueble se debe garantizar mediante la PATP equipotencial de la instalación interna (a partir del TS) y la obligatoriedad de la protección diferencial en TS.

Es decir que cualquier tensión peligrosa que pueda originar corrientes a tierra por personas o bienes y que supere la corriente de accionamiento del interruptor diferencial (de 15 a 30 mA) debe ser cortada en el tiempo establecido por las Normas.

En general, los instaladores **"interpretan"** que la PAT de la acometida **"es LA puesta a tierra"** y así vinculan la instalación interna de la vivienda o local mediante el conductor PE a las partes metálicas de la acometida. Dicho de otro modo, interconectan las partes masas y partes metálicas de la instalación interna de la vivienda con las masas y partes metálicas de la acometida.

Esta concepción, que es generalizada sobre todo en las provincias donde no se alientan o aceptan acometidas con componentes "aislados clase 2", trae como consecuencia el traslado de tensiones desde la acometida a las instalaciones internas por fallas a tierra "no desconectadas" en la acometida:

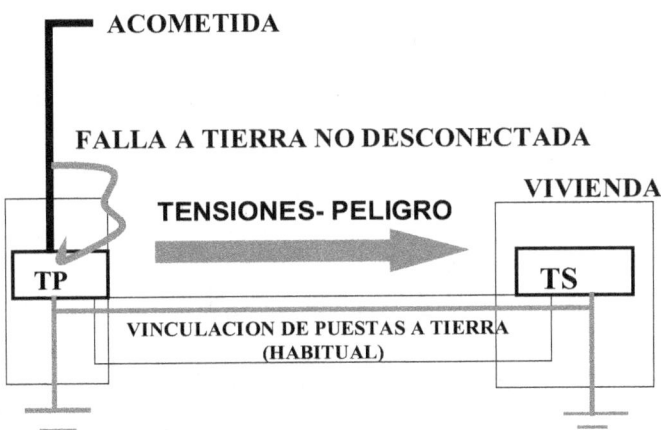

La tensión peligrosa proveniente de la falla a tierra (por ejemplo, en la caja metálica de un medidor de energía) puede trasladarse tensión a las masas de la instalación interna dado que, como se conoce, una falla a tierra en la acometida no es cortada pues la ED no instala interruptores diferenciales para desconectar fallas a tierra.

Si bien la situación descripta puede ser interpretada como algo rebuscada, creo necesario reflexionar en el interés de alentar los sistemas "sintéticos o plásticos" denominados de clase 2 en las acometidas como forma de mejorar la seguridad eléctrica. Esto, sobre todo, desde el punto de vista de reconocer que los valores de puesta a tierra de las acometidas no son controlados ni exigidos por las empresas de distribución, lo que agrava la posibilidad planteada.

> **Reflexión**: si una tensión peligrosa se traslada desde las masas de la acometida a las masas de la instalación interna, la situación se vuelve un posible riesgo eléctrico pues esa tensión no es detectada ni desconectada por la protección diferencial obligatoria instalada en el TS.

¿Cuál es el valor admisible máximo de PATP?

El tema requiere de comentarios específicos:

La RIEI establece **para zonas "cubiertas" por la protección diferencial** el valor de máximo 40 ohm.

Si el interruptor diferencial es de corriente diferencial de 300 mA y actúa solo como protección de "contacto indirecto", por ejemplo entre el (TP -TS), y considerando que debe detectar tensiones peligrosas desde 24 V actuará a partir de: 24 V /300 mA $\cong$ 80 ohm (se han despreciado las resistencias de cables y de falla para no complicar la idea). En definitiva si la resistencia de PATP máxima es 40 ohm, se dispone de un margen de seguridad resultante de la relación 80 ohm / 40 ohm = 2.

La exigencia de resistencia máxima de PATP de 40 ohm por la RIEI es altamente conveniente desde el punto de vista de la seguridad y posibilidad de realización. Es razonable la ejecución de este valor de PATP en las diversas zonas de Argentina y el objetivo de cubrir tensiones de falla a tierra mayores a 24 V se cumple si se instala un interruptor diferencial en el TP y con más razón si se instala el obligatorio interruptor diferencial de 30 mA en el TS.

Zonas "no cubiertas" por la protección diferencial

Se deben arbitrar los medios para lograr que la tensión de contacto indirecto no supere 24 V para ambientes secos y húmedos. Establecer esta condición implica en el tramo del circuito seccional TP-TS las siguientes opciones.

- Diseñar con tensión de alimentación de 24 V, concepto que no es posible con la alimentación habitual que ofrecen las empresas de distribución que ofrecen redes urbanas de 220 V o 380 V/220 V (según el tipo de suministro).

- Establecer una protección diferencial de contacto indirecto de 300 mA en el TP.

- Establecer una protección de interruptor automático en el tablero TP que garantice, por ejemplo, que ante una falla a tierra la tensión de contacto indirecto no supere los 24 V. Esta condición implica que la protección de sobrecarga debe actuar en modo instantáneo (accionamiento magnético). Por ejemplo, una protección de acción termomagnética de modelo C25A (curva magnética C y corriente nominal 25 A) requiere para actuar en modo instantáneo de corrientes del orden de 10 x 25 A = 250 A; situación que condiciona el valor máximo de PAT de protección al orden de 220 V / 250 A $\cong$ 1 ohm. *Esta condición es tan difícil de obtener y de mantener que lleva a la RIEI a definir, que no es posible en instalaciones de inmuebles garantizar la desconexión automática de contactos indirectos por medio de protecciones de sobrecarga y por ello exige las protecciones diferenciales.*

En definitiva, cumplir la condición de seguridad de contactos indirectos en el tramo TP-TS sin protección diferencial es de difícil cumplimiento, por lo que la opción más aconsejable es diseñar en el TP una protección diferencial de 300 mA "selectiva" (evitar que su actuación se superponga con la protección diferencial de 30 mA ubicada "aguas abajo" en el TS). Esta protección de 300 mA y con la condición de resistencia máxima de PATP de 40 ohm detectará con seguridad tensiones de 24 V o mayores pues:

24 V / 40 ohm = 600 mA (margen de seguridad de actuación aproximada del 100 %).

Descripción de un sistema de PATP de un edificio

El sistema de PAT de protección general del edificio que se propone es:

a) 4 Jabalinas (en sistema que permita la inspección de medición) de acero-cobre (IRAM 2309) instaladas en un lugar previsto de acometida a GM, conectadas con conductor de cobre desnudo de 10 mm².

b) En la bandeja metálica se verificará su continuidad metálica.

c) El conductor general de PATP de bandeja de columna montante se conectará a un hierro de la estructura de modo de complementar el sistema de PATP con la estructura del edificio para conformar un sistema equipotencial de puesta a tierra.

Ejemplo:

Determinar las tensiones y corrientes peligrosas considerando una falla de aislación en un motor trifásico entre una fase y la masa y para diversas resistencias de PATP.

Distinguimos dos casos:

Caso A: **NO** está realizada la conexión a tierra de la masa del motor

En este caso la tensión de choque que queda establecida en la masa del motor será la tensión de fase:

$$Vch = 380V \, / \, 1,73 = 220V$$

Siendo *Vch la denominada* "tensión de choque"

En este caso al no existir una PAT de la masa del motor, queda establecida una tensión de choque peligrosa (220 V) para las personas.

Caso B: Esta realizada la conexión de la masa del motor a la puesta a tierra de protección Rt (le adjudicaremos valores diversos a los efectos de obtener criterios).

En este caso la tensión de choque que aparece en la masa del motor será:

$$V_{ch} = Ra \times I_f = Ra \times \frac{V_N}{Ra + Rb}$$

$$I_{ch} = \frac{V_{ch}}{Rch}$$

Siendo:

Ra: Resistencia de la puesta a tierra de protección, la suponemos de 40 ohm y de valores decrecientes para observar las consecuencias.

Rb: Resistencia de la puesta a tierra del neutro (valores diversos a los efectos de obtener criterios). Este valor en una red pública lo establece y mantiene la ED.

Rch: Resistencia del cuerpo humano, la suponemos del valor mínimo 1000 ohm y sin aislaciones de zapatos o guantes

I_{ch}: Corriente de choque

Considerando **Rb = 1 ohm**

	Ra (ohm)	V_{ch} (V)	I_{ch} (mA)
Valores decrecientes de *Ra*	40	214,63	214,63
	20	209,5	209,5
	5	183,3	183,3
	0,3	50,76	50,76

Considerando **Rb = 5 ohm**

	Ra (ohm)	V_{ch} (V)	I_{ch} (mA)
Valores decrecientes de *Ra*	40	195,55	195,55
	20	176	176
	5	**110**	**110**
	0,8	30,34	30,34

Considerando **Rb = 10 ohm**

	Ra (ohm)	V_{ch} (V)	I_{ch} (mA)
Valores decrecientes de *Ra*	40	176	176
	20	146,66	146,66
	5	73,33	73,33
	2	36,66	36,66

Conclusiones en este ejemplo:

A menores valores de Rb y valores mayores de Ra, la V_{ch} prácticamente es de 220 V. A valores semejantes de Rb y de Ra la V_{ch} se reparte entre las dos resistencias con 110 V en cada una.

Si consideramos un valor de tensión peligrosa de 24 V, solo podemos lograr valores máximos de hasta 24 V con Ra menores a 0,3 ohm; situación que es generalmente de costo considerable de obtener y de mantener. En definitiva si consideramos la situación de contacto simultáneo de una persona con la tensión de falla la solución que nos ofrece la técnica es:

Estando conectadas la Ra y la Rb, se podrán presentar diversos valores de V_{ch}. Si queremos garantizar la seguridad técnica la V_{ch} debe ser despejada en forma preventiva por una protección de falla a tierra de la sensibilidad adecuada y en el tiempo mínimo para evitar hasta el improbable caso de falla y contacto simultáneo.

De no estar conectada la Ra el contacto se convierte en "contacto directo" a tensión plena de 220 V.

En el caso que no esté conectada la Rb se pierde el esquema TT y en este caso las fallas pueden originar sobretensiones en las fases sanas, situación que generalmente es evitada por la ED.

PAT y seguridad en instalaciones de iluminación exterior (RIEI 771-B8).

Se refiere a las que están dentro del inmueble o si están fuera están comandadas y protegidas desde dentro de los inmuebles. Por ejemplo parques, playas de estacionamiento, áreas deportivas, monumentos y todo predio de uso público o privado NO alimentado desde la red de alumbrado público.

Aparte de las exigencias de seguridad de contactos directos e indirectos establecidas por la RIEI, puntualizaremos lo establecido en 771-B.8.4 en cuanto a las puestas a tierra.

De hecho que en toda masa metálica de Clase I de la instalación ponerse a tierra para poder garantizar que toda tensión mayor a 24 V sea desconectada por los dispositivos de protección adecuados en el tiempo previsto y el esquema de PAT establecido.

Estas instalaciones deben cumplir con las exigencias generales de resistencia de puesta a tierra máxima de 40 ohm, en circuitos las secciones mínimas de PE verde amarillo de 2,5 mm^2 de conductores aislados o cables de aislación mínima 400/750 V.

El proyectista puede considerar la disminución del sistema de PAT mediante <u>conductores desnudos</u> enterrados que formen parte de la red de puesta a tierra acompañando el cable de alimentación (conductor no incluido en el cable) o al caño enterrado empleado en la canalización (por fuera del caño). También puede ser establecer en la PAT la utilización de cables aislados y en este caso puede acompañar el cable de alimentación o estar enterrado.

En todos los casos deben ser tendidos con una longitud suficiente de reserva al pie de las columnas metálicas o dentro de ella para que en la eventualidad de una caída fortuita de la columna no se origine su desconexión o rotura.

En los lugares de afluencia de público (playas de estacionamiento, espacios comunes, etc.) cada columna deberá estar puesta a tierra con una jabalina IRAM 2309 de 5/8" mínimo por 1,5 m de largo con tomacable y cámara de inspección. Cada jabalina se conectara a la columna o barra de puesta a tierra de la columna mediante conductor aislado-amarillo de sección mínima 4 mm^2.

La conexión a la PAT de la columna se deberá efectuar por el lado interno. En el caso de necesitarse una conexión externa tanto el borne de conexión como su conductor de protección deberán ser protegidos adecuadamente a los daños mecánicos, hurto o destrucción con una pieza tipo media caña o perfil galvanizado en caliente.

En el caso de columnas de hormigón armado estas deberán contar con un borne tipo esparrago o vástago de puesta a tierra que de ser necesario de construirá en obra soldándolo a un extremo de los hierros de la columna.

Fijación de conductores de puesta a tierra.

Vincular los conductores desnudos o aislados que recorren las zanjas en cada columna y en cada tablero de comando y protecciones por medio de caños instalados en las fundaciones, conductores aislados de mínimo 4 mm^2 para conectar a tierra la columna o el tablero en todos los bornes de puesta a tierra de todos los componentes metálicos susceptibles de tener tensión por fallas o defectos.

Propuesta con pintura aislante en masas o partes metálicas

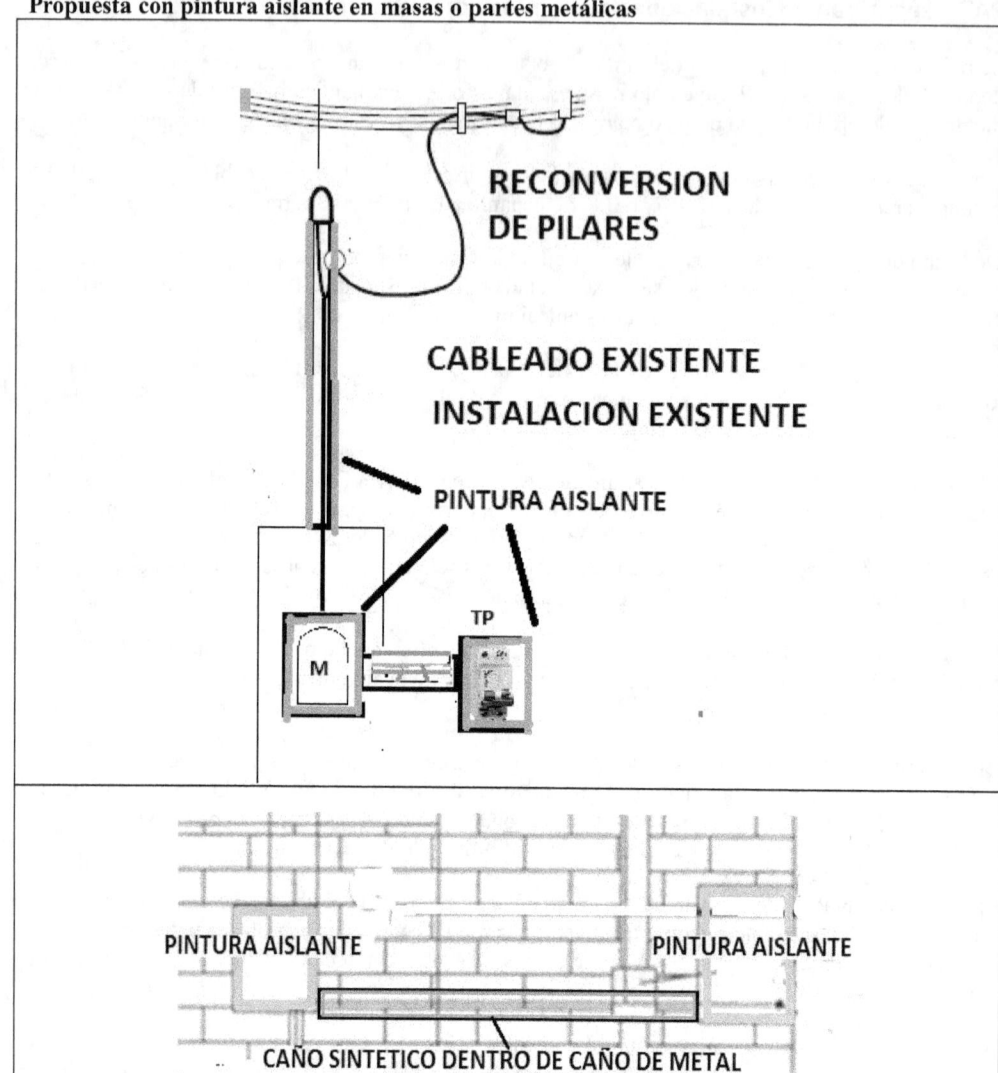

RECONVERSION
DE PILARES

CABLEADO EXISTENTE

INSTALACION EXISTENTE

PINTURA AISLANTE

TP

M

PINTURA AISLANTE   PINTURA AISLANTE

CAÑO SINTETICO DENTRO DE CAÑO DE METAL

Propuesta con CABLE ANTIHURTO y pintura aislante en masas o partes metálicas

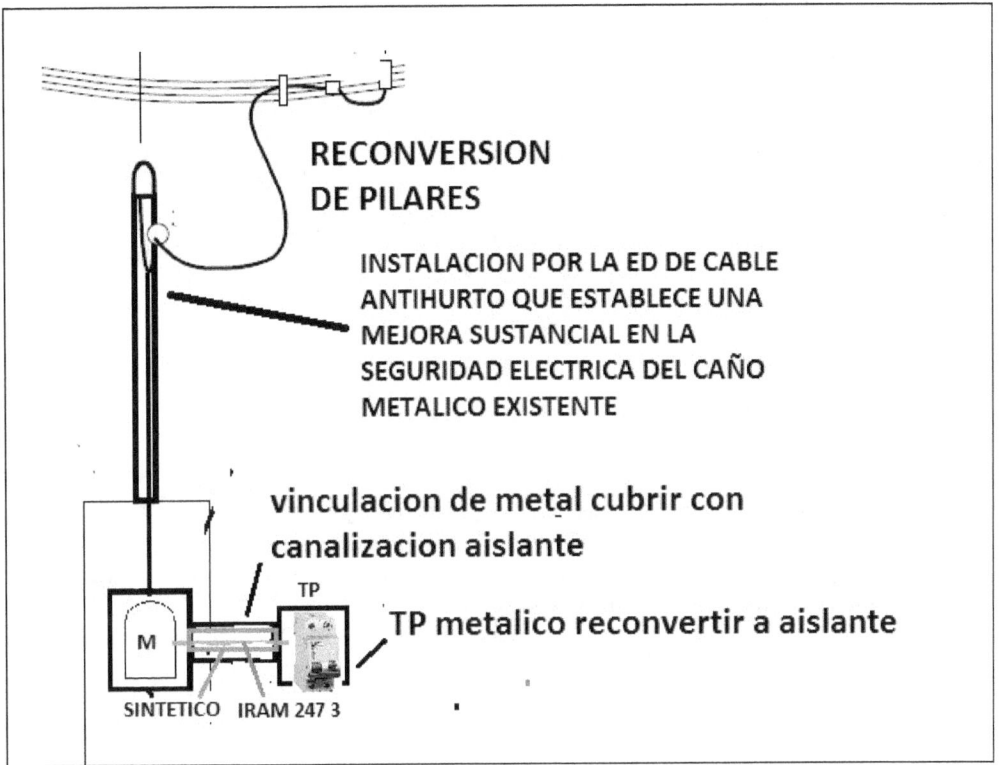

RECONVERSION
DE PILARES

INSTALACION POR LA ED DE CABLE
ANTIHURTO QUE ESTABLECE UNA
MEJORA SUSTANCIAL EN LA
SEGURIDAD ELECTRICA DEL CAÑO
METALICO EXISTENTE

vinculacion de metal cubrir con
canalizacion aislante

TP metalico reconvertir a aislante

De todos modos el solo hecho de instalar cable antihurto en el caño metálico es un avance importante en la seguridad eléctrica de las acometidas por pilares.

La pintura aislante de masa en instalaciones en vía pública es una práctica muy difundida en países desarrollados es una solución simple para mejorar el contacto indirecto en zonas de transito peatonal. En Córdoba por ejemplo miles de soportes metálicos se tratan con estas pinturas que en su origen se implementaron por el vandalismo de cartelería pero a mi entender colaboran en forma muy eficiente a reducir el riesgo de contacto indirecto en el tramo hasta 2 m de la masa de la luminaria.

3
Análisis de riesgo de los contactos eléctricos

3.1 Origen de los peligros por contactos eléctricos hacia las personas

Resultan del contacto con partes conductoras (de aparatos, canalizaciones, etc.,) que por diversas razones de fallas de los bloqueos (IRAM 2444) o de su aislación presentan una tensión y originan la circulación de una determinada intensidad de corriente que puede o no resultar peligrosa de acuerdo al tipo de contacto o circunstancias del estado de la persona. Se clasifican en:

- Contactos eléctricos directos.
- Contactos eléctricos indirectos.

3.2. Contacto eléctrico directo

Contacto con **partes activas** (fases o neutro) **de una instalación,** o con partes que accidentalmente están bajo **tensión pertenecientes o NO a esa instalación.** Respecto a este último aspecto se puede mencionar el requerimiento de la AEA para establecer un sistema PATP en partes metálicas de los baños; que si bien no pertenecen a la instalación eléctrica pueden quedar accidentalmente bajo tensión por fallas de aislación de algún equipo o canalización de la instalación eléctrica asociada o cercana.

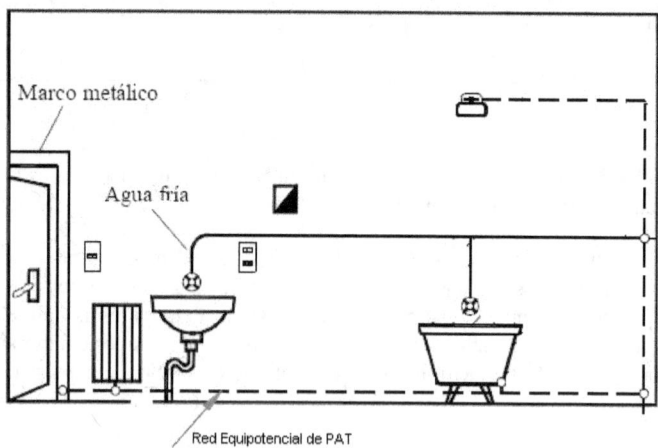

Marco metálico

Agua fría

Red Equipotencial de PAT

Tipos de contactos **eléctricos directos:**

- Contacto directo con dos conductores activos de un circuito o línea.

- Contacto directo con un conductor activo de un circuito o línea con una «masa» o «tierra».

- Contacto directo por descarga disruptiva (inductiva o capacitiva).Este último tipo de contacto es el que realmente se puede considerar accidental frente a los anteriores (donde la técnica establece criterios Reglamentarios para evitarlos).

Ejemplo de contacto directo

Es un contacto con "partes vivas" bajo tensión originado por defectos de aislación, defectos en bloqueos (grado IP de Norma IRAM 2444) o imprudencia de las personas. Ante un contacto directo respecto de tierra (caso más habitual) la persona queda sometida a la corriente que impone la resistencia de la parte del cuerpo por donde se establece. Si tiene o no calzado puede influir en el circuito y la corriente de falla.

La protección diferencial de corriente diferencial no mayor a 30 mA es la única solución conocida ante este peligro y desconectará el circuito de "manera correctiva" ante una situación que en general no debería suceder si se han establecido los bloqueos correspondientes que indica la RIEI.

La figura muestra un contacto eléctrico directo producido porque una persona toca con una mano una fase y su cuerpo esta puesto a tierra. Al estar el **neutro de la red puesto a tierra (esquema referenciado a tierra en redes de distribución)** el circuito eléctrico se cierra a través de la tierra. La trayectoria de la corriente eléctrica atraviesa el tórax por lo que puede provocar la muerte instantánea.

Contacto Directo

Se produce cuando una persona toca o se pone en contacto involuntario o accidentalmente con un conductor, instalación, elemento eléctrico, máquina, enchufe, portalámparas, etc, bajo tensión directa.

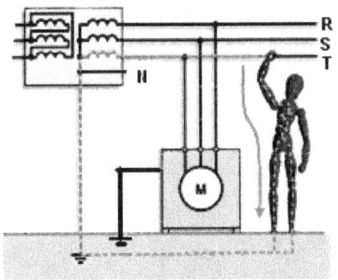

3.2.1. Tensión de contacto directo

Cuando una persona está en contacto directo con una parte activa y una masa metálica, la tensión de contacto está próxima a la tensión «simple» (220 V) o de «fase-tierra».

Si se desprecian las resistencias de la toma de tierra, **la resistencia del cuerpo es la que limita la corriente corporal.** Considerando una resistencia corporal de 1000 Ω, la corriente corporal será:

$$Ich = \frac{U}{R} = \frac{220\ V}{1000\ ohm} = 220\ mA$$

Por ejemplo, un contacto con 220 V de fase respecto de tierra considerando una resistencia corporal de 1000 ohm originará una corriente de 220 V / 1000 ohm.= 220 mA y una posible fibrilación cardiaca si no es desconectado en el tiempo mínimo que establece un dispositivo de protección que detecte esa baja corriente por medio de un interruptor diferencial de 30 mA de corriente diferencial de accionamiento. En este tipo de contacto la puesta a tierra no interviene pues el recorrido de la corriente peligrosa es por el cuerpo y el sistema.

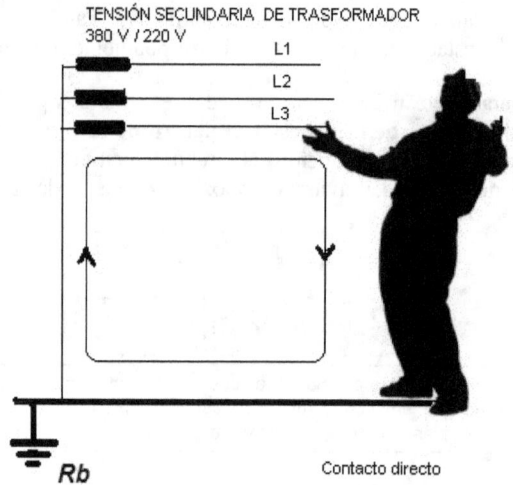

TENSIÓN SECUNDARIA DE TRASFORMADOR
380 V / 220 V

L1
L2
L3

Rb

Contacto directo

Otro ejemplo que es bastante habitual es cuando una persona sufre una <u>descarga disruptiva</u> pero no llega a tocar físicamente la parte metálica de la instalación que se halla con tensión.

Intensidad de descarga

Esta situación se debe a que inadvertidamente por descuido o ignorancia se acorta la distancia mínima de seguridad (la tensión y el peligro "no se ven") hasta que se supera el valor de aislación del medio lo que provoca la **descarga disruptiva.** Existen numerosos ejemplos de contactos disruptivos entre el aire y partes metálicas de una grúa y de allí por medio de una persona hacia la tierra (potencial cero).

Es interesante analizar lo que puede suceder si la descarga disruptiva se origina desde una línea eléctrica de media y alta tensión Ese tipo de redes posee protección de falla a tierra, pero su accionamiento es a través de interruptores automáticos y en general la protección tarda por lo menos un segundo en desconectar la falla. En resumen la línea está preparada para desconectar las posibles fallas de pérdida de aislación, pero no se puede garantizar la ausencia de daños ante la situación descripta de falla y un contacto corporal simultáneo.

Distancia de seguridad a líneas eléctricas aéreas (considerar la legislación en cada caso).

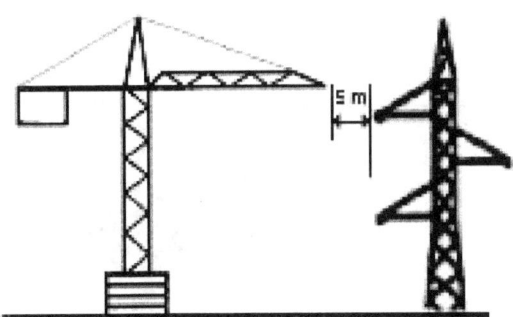

Punto 1.1.5. De la Ley de H. y Seguridad 19587 respecto de distancias de seguridad (textual).

Para prevenir descargas disruptivas en trabajos efectuados en la proximidad de partes no aisladas de instalaciones eléctricas en servicio, las separaciones mínimas, medidas entre cualquier punto con tensión y la parte más próxima del cuerpo del operario o de las herramientas no aisladas por él utilizadas en la situación más desfavorable que pudiera producirse, serán las siguientes:

Nivel de tensión	Distancia mínima
0 a 50 V	ninguna
Más de 50 V hasta 1kV	0,80 m
Más de 1 kV hasta 33 kV	0,80 m
Más de 33 kV hasta 66 kV	0,90 m
Más de 66 kV hasta 132 kV	1,50 m

3.3. Contacto eléctrico indirecto

Se entiende como *el contacto de personas con "masas" puestas accidentalmente bajo tensión pero que, en condiciones normales de servicio, están sin tensión.*

La forma convencional de contacto eléctrico indirecto se presenta cuando una persona toca con la mano una parte metálica (parte metálica de un tablero o de un electrodoméstico) que por fallas de aislación adquiere tensión. La solución conocida más eficiente es la protección diferencial y la puesta a tierra que permite la desconexión preventiva para evitar este peligro. Algunas zonas de los inmuebles (locales con cuerpo húmedo, mojado, etc.) son especialmente tratadas en la RIEI pues en esos locales las personas por su estado o entorno están más indefensas

La estadística menciona como frecuente a este tipo de contactos relacionados a averías en aparatos eléctricos, motores y otros equipos con masas accesibles (contacto a masa) donde el circuito se cierra a través de tierra por el esquema TT del neutro del transformador.

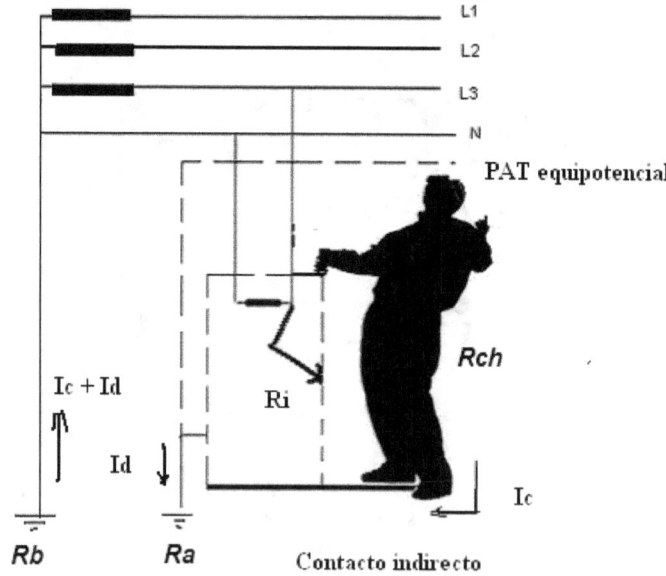

Contacto indirecto

Ante este contacto indirecto y como el equipo en falla tiene la correspondiente PATP equipotencial, en principio puede suceder que:

Actúe una protección diferencial antes que la persona "toque". El interruptor diferencial de 30 mA en TS es obligatorio en instalaciones de inmuebles.

En el supuesto caso que la falla se origine al mismo tiempo que el "toque", la intensidad de corriente corporal dependerá de la relación de las magnitudes de las Rch en paralelo con la Ra, pues la corriente de falla tendrá dos caminos y su magnitud dependerá de los valores de esas resistencias.

Ejercicios de aplicación para contactos indirectos (contacto simultáneo y falla de aislación).

Ejemplo 1

Resistencia de puesta a tierra (Ra) = 40 ohm

Resistencia Rb suponemos valor cero para evidenciar la situación de la tensión de contacto.

Resistencia de aislación (Ri), suponer en 0 ohm, 10 ohm y 40 ohm.

Resistencia del cuerpo (Rch) = 2000 ohm para evidenciar la situación con mayor resistencia corporal .

Ich= Corriente corporal

Id= Corriente derivada por la PATP

$Id = Un/(Ra + Ri)$	$Uc = Ra x Id$	$Ic = Uc / Rch$
$Id1 = 220V /(40+0) = 5,5A$	$Uc1 = 40 x 5,5 = 220V$	$Ic1 = 220V / 2000\Omega = 0,110A = 110mA$
$Id2 = 220V /(40+10) = 4,4A$	$Uc2 = 40 x 4,4 = 176V$	$Ic2 = 176V / 2000\Omega = 0,088A = 88mA$
$Id3 = 220V /(40+40) = 2,75A$	$Uc3 = 40 x 2,75 = 110V$	$Ic3 = 110V / 2000\Omega = 0,055A = 55mA$

Para el mismo valor de puesta a tierra Ra de 40 ohm, la tensión de contacto Uc y el valor de Ich disminuyen con la mayor resistencia de aislación; situación que responde al orden lógico del motivo de la utilización de la aislación de los equipos y dispositivos.

Si no se dispone de una puesta a tierra o su valor es considerable respecto de Rb, la tensión de contacto en todos los casos es de 220 V (es decir el contacto se trasforma en directo con la tensión plena de 220 V.

Ejemplo 2

Resistencia de puesta a tierra (Ra) = 20 ohm

Resistencia de aislación (Ri) suponer en 0 ohm, 10 ohm y 40 ohm

Resistencia del cuerpo (Rch) = 2000 ohm

$Id = Un/(Ra + Ri)$	$Uc = RaxId$	$Ic = Uc/Rch$
$Id1 = 220V/(20+0) = 11A$	$Uc1 = 20x11 = 220V$	$Ic1 = 220V/2000\Omega = 0,110A = 110mA$
$Id2 = 220V/(20+10) = 7,33A$	$Uc2 = 20x7,33 = 146,6V$	$Ic2 = 146V/2000\Omega = 0,073A = 73mA$
$Id3 = 220V/(20+40) = 3,66A$	$Uc3 = 20x3,66 = 73,2V$	$Ic3 = 73,2V/2000\Omega = 0,0366A = 36,6mA$

Si no se dispone de una puesta a tierra o su valor es considerable respecto de Rb, la tensión de contacto en todos los casos es de 220 V (es decir el contacto se trasforma en directo con la tensión plena de 220 V.

Para un valor de puesta a tierra RA de 20 ohm (menor que la anterior), la tensión de contacto Uc puede disminuir con el aumento de Ri; situación que en alguna medida demuestra las bondades de tener un sistema de puesta a tierra más eficiente (Ra de menor valor).

Ejemplo 3

Resistencia de puesta a tierra (Ra) = 10 ohm

Resistencia de aislación (Ri) suponer en 0 ohm, 10 ohm y 40 ohm

Resistencia del cuerpo (Rch) = 2000 ohm

$Id = Un/(Ra + Ri)$	$Uc = RaxId$	$Ic = Uc/Rc$
$Id1 = 220V/(10+0) = 22A$	$Uc1 = 10x22 = 220V$	$Ic1 = 220V/2000\Omega = 0,011A = 110mA$
$Id2 = 220V/(10+10) = 11A$	$Uc2 = 10x11 = 110V$	$Ic2 = 110V/2000\Omega = 0,055A = 55mA$
$Id3 = 220V/(10+40) = 4,4A$	$Uc3 = 10x4,4 = 44V$	$Ic3 = 44V/2000\Omega = 0,022A = 22mA$

Si no se dispone de una puesta a tierra o su valor es considerable respecto de Rb, la tensión de contacto en todos los casos es de 220 V (es decir el contacto se trasforma en directo con la tensión plena de 220 V.

Para un valor de puesta a tierra RA de 10 ohm (menor que la anterior), la tensión de contacto Uc puede disminuir con el aumento de Ri; situación que en alguna medida demuestra las bondades de tener un sistema de puesta a tierra más eficiente (Ra de menor valor).

Ejemplo 4

Resistencia de puesta a tierra (Ra) = 40 ohm

Resistencia de aislación (Ri) suponer en 0 ohm, 10 ohm y 40 ohm

Resistencia del cuerpo (Rch) = 1000 ohm

$Id = Un/(Ra + Ri)$	$Uc = RaxId$	$Ic = Uc/Rch$
$Id1 = 220V/(40 + 0) = 5,5A$	$Uc1 = 40x5,5 = 220V$	$Ic1 = 220V/1000\Omega = 0,220A = 220mA$
$Id2 = 220V/(40 + 10) = 4,4A$	$Uc2 = 40x4,4 = 176V$	$Ic2 = 176V/1000\Omega = 0,176A = 176mA$
$Id3 = 220V/(40 + 40) = 2,75A$	$Uc3 = 40x2,75 = 110V$	$Ic3 = 110V/1000\Omega = 0,110A = 110mA$

Si no se dispone de una puesta a tierra o su valor es considerable respecto de Rb, la tensión de contacto en todos los casos es de 220 V (es decir el contacto se trasforma en directo con la tensión plena de 220 V.

Para un valor de puesta a tierra RA de 40 ohm (menor que la anterior), la tensión de contacto Uc puede es mayor que en los ejemplos anteriores.

Para el mismo valor de puesta a tierra RA de 40 ohm, y con un valor menor de resistencia corporal la tensión de contacto Uc origina mayores valores de corriente de contacto aumentado los peligros.

Ejemplo 5

Resistencia de puesta a tierra (Ra) = 20 ohm

Resistencia de aislación (Ri) suponer en 0 ohm, 10 ohm y 40 ohm

Resistencia del cuerpo (Rch) = 1000 ohm

$Id = Un/(Ra + Ri)$	$Uc = RaxId$	$Ic = Uc/Rc$
$Id1 = 220V/(20 + 0) = 11A$	$Uc1 = 20x11 = 220V$	$Ic1 = 220V/1000\Omega = 0,220A = 220mA$
$Id2 = 220V/(20 + 10) = 7,33A$	$Uc2 = 20x7,33 = 146V$	$Ic2 = 146V/1000\Omega = 0,146A = 146mA$
$Id3 = 220V/(20 + 40) = 3,66A$	$Uc3 = 20x3,66 = 73,2V$	$Ic3 = 73,2V/1000\Omega = 0,0732A = 73,2mA$

Si no se dispone de una puesta a tierra o su valor es considerable respecto de Rb, la tensión de contacto en todos los casos es de 220 V (es decir el contacto se trasforma en directo con la tensión plena de 220 V.

Para un valor de puesta a tierra Ra de 20 ohm menor, la tensión de contacto Uc disminuye; situación que en alguna medida demuestra las bondades de tener un sistema de puesta a tierra más eficiente (de menor valor).

Ejemplo 6

Resistencia de puesta a tierra (Ra) = 10 ohm

Resistencia de aislación (Ri) suponer en 0 ohm, 10 ohm y 40 ohm

Resistencia del cuerpo (Rch) = 1000 ohm

$Id = Un/(Ra + Ri)$	$Uc = Ra x Id$	$Ic = Uc/Rc$
$Id1 = 220V/(10+0) = 22A$	$Uc1 = 10x22 = 220V$	$Ic1 = 220V/1000\Omega = 0,220A = 220mA$
$Id2 = 220V/(10+10) = 11A$	$Uc2 = 10x11 = 110V$	$Ic2 = 110V/1000\Omega = 0,110A = 110mA$
$Id3 = 220V/(10+40) = 4,4A$	$Uc3 = 10x4,4 = 44V$	$Ic3 = 44V/1000\Omega = 0,044A = 44mA$

Si no se dispone de una puesta a tierra o su valor es considerable respecto de Rb, la tensión de contacto en todos los casos es de 220 V (es decir el contacto se trasforma en directo con la tensión plena de 220 V.

Para un valor de puesta a tierra Ra de 10 ohm, menor al del ejercicio 1, la tensión de contacto Uc disminuye; situación que en alguna medida demuestra las bondades de tener un sistema de puesta a tierra más eficiente.

Conclusiones de los ejercicios: la situación de posible peligro de fibrilación cardiaca por corriente circulante es una combinación de circunstancias en donde intervienen las condiciones de aislación de los equipos, las condiciones de la puesta a tierra y las condiciones de las personas en el contacto.

- A mayor aislación menores peligros.

- A menor valor de puesta a tierra, menores peligros.

- A mayor aislación de las personas (contacto seco, uso de calzado, etc.): menores peligros.

- La solución con ID es complementaria y obligatoria a la puesta a tierra de protección, puesto que el valor de Rb no lo podemos conocer ni controlar, depende de la ED, entonces no se puede planificar una situación definitiva de seguridad eléctrica **solo** con valores de Ra.

EJERCICIO de interpretación

Una persona que no conoce los riesgos realiza una prueba en un tablero de una instalación de 220/380 V con un destornillador y guantes con la otra mano apoyada en la pared, pero **NO** detecta que el destornillador tiene una pequeña grieta en su aislación que lo convierte en una herramienta de aislación del orden de 2500 ohm. El guante además tiene un poro quedando la resistencia de aislación de ese guante en 30 ohm en ambiente húmedo (manos húmedas) y de 1.500 ohm en ambiente seco (manos secas).

Suponemos una resistencia corporal de 2000 ohm en ambiente seco y 1100 ohm en ambiente húmedo.

¿Qué tipo de accidente sufrirá la persona con los guantes y destornillador si toca una fase de 220 V respecto de tierra?

Determinar la corriente de paso por el cuerpo y analizar los posibles efectos que le produce en su organismo.

Interpretación:

Se puede originar el paso de corriente a través del organismo por un contacto eléctrico directo.

R_D: resistencia del destornillador

R_G: resistencia de los guantes,

R_H: resistencia del cuerpo humano,

R_M: resistencia de «mano-pared en este caso igual a cero

La corriente que pasa por el cuerpo de la persona (I_H) será:

$$I_H = \frac{U}{R_T} = \frac{U}{R_D + R_G + R_H + R_M}$$

En el caso de ambiente seco:

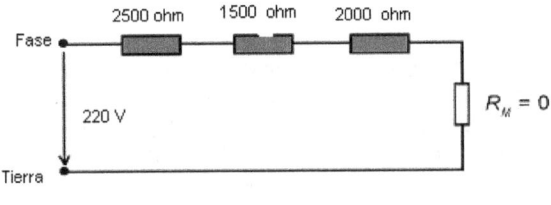

$$I_H = \frac{220}{6.000} = 0,0366 \ A = 36,6 \ mA$$

Si el ambiente es húmedo:

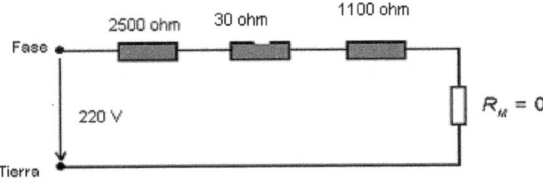

$$I_H = \frac{220}{3.630} = 0,0606 \ A = 60,6 \ mA$$

Existe en el ejemplo de ambiente húmedo una mayor corriente y riesgo de fibrilación ventricular que en el caso de ambiente seco.

4

Distribución de energía en MT y BT, esquemas de PAT

4.0. Sistemas de Distribución de BT y MT

Las redes de BT generalmente están vinculadas a redes de MT y en argentina son diseñadas y construidas en 380 V/220 V y en 13,2 kV respectivamente. Las redes de BT (380V/220V) que en su origen fueron de conductores desnudos y montadas en aisladores fueron evolucionando, por razones de seguridad y prestación, a sistemas con cables de aislación plena (preensamblados, subterráneos, etc.) buscando evitar principalmente las fallas a tierra, que en las redes de BT no pueden ser despejadas por las protecciones convencionales utilizadas (fusibles).

Como en general los sistemas de distribución de energía (red pública de BT) son compartidos entre usuarios que consumen de forma diversa y tienen diversa calidad de instalación los dispositivos de protección de las redes de BT son específicos para esta tipología de redes, e instalar determinadas protecciones de fallas a tierra (interruptores diferenciales) sería impracticable pues se originarían salidas de servicio generales por fallas a tierra en las instalaciones de los usuarios. En definitiva a la ED no le resulta aceptable para un servicio de calidad instalar protecciones de falla a tierra de alta sensibilidad, y lo que se diseña es mejorar la calidad de aislación de la red (sistemas preensamblados, subterráneos, etc.).

En general para los sistemas de BT la ED establece un esquema donde el neutro del transformador de distribución está conectado a tierra (PATS) y se supone que las masas de las instalaciones internas de los usuarios también están conectadas a una PATP. Con las masas de las instalaciones puestas a tierra mediante un valor denominado Ra, que en AEA 90364 se establece con un valor máximo de 40 ohm, se conforma en esquema TT.

Que se establezca un esquema con una puesta a tierra del neutro del transformador no quiere decir que ante una falla a tierra en la red de distribución de BT actúe en forma eficiente la protección de la red (en general fusibles de calibres elevados). Esta conocida situación he llevado a diseñar redes de aislación plena con el fin de evitar que se originen fallas a tierra. El lector podrá observar, que por ejemplo, los soportes de HºAº de una red de tipo preensamblada <u>no están conectados a tierra</u>; pues para qué hacerlo si las protecciones están prácticamente imposibilitadas para actuar ante una supuesta falla a tierra en la red. La ED en su propia red puede establecer un esquema TNC que está prohibido en el ámbito AEA 90364.

En las redes de MT (por ejemplo 13,2 kV) donde la ED puede controlar las conexiones de sus equipos, se instalan interruptores automáticos comandados por protecciones de fallas a tierra para detectar y desconectar las posibles fallas a tierra. En estas redes los soportes metálicos y Hormigón Armado están puestos a tierra. Puede considerarse que una red de MT es más segura en la detección y desconexión de fallas a tierra; pero la regulación de actuación de las protecciones de fallas a tierra están establecidas en tiempos de segundos que son **inadmisibles** para la seguridad eléctrica ante un posible contacto indirecto simultaneo con la falla a tierra y no cubre el contacto directo en estas redes que cubren esa condición por medio de aislaciones o separaciones de cables desnudos al suelo o al tránsito.

4.1. Falla (caso real) donde una línea de MT y BT estaban montadas en un mismo soporte

Cuando por economía se utilizan los soportes de MT para montar redes de BT (diseño inaceptable) pueden originarse peligrosas situaciones como las del **ejemplo real** de la figura que sigue:

REPRESENTACIÓN ELÉCTRICA DEL CAMINO DE LA FALLA EN EL SOPORTE DE LÍNEA DE MEDIA TENSIÓN Y EN EL NEUTRO DE RED DE 380/220V

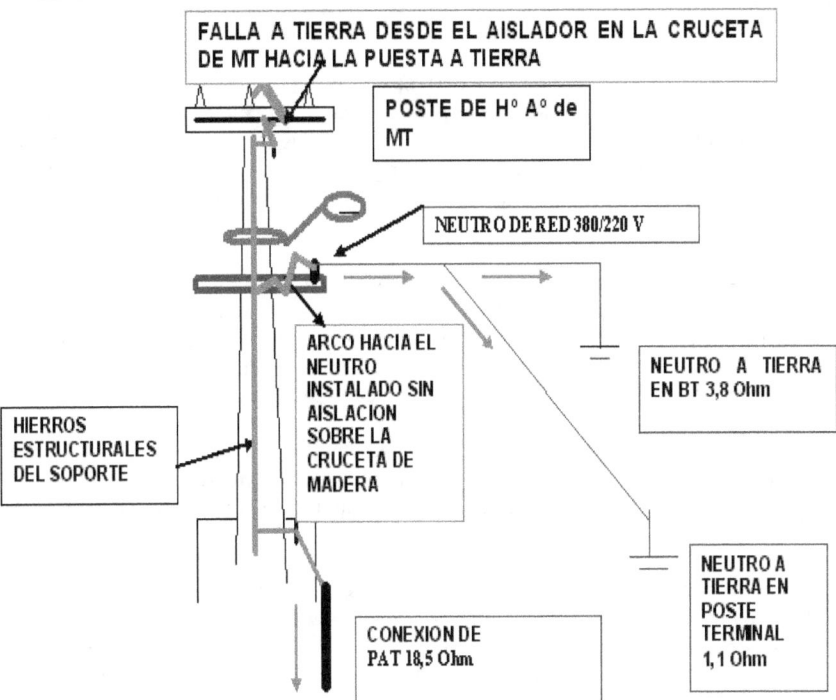

Se originó una falla en el soporte de una línea desnuda de MT por el contorneo en un aislador hacia la puesta a tierra del soporte de HºAº, que también tiene una cruceta de madera para una línea de BT, originándose en el soporte de MT una sobretensión de fase tierra de 113,2 kV / 1,73 ≈ 7630 V respecto de tierra. Esta línea de MT tiene una PAT de neutro sin resistencia o impedancia.

Como la PAT del soporte de MT era mayor que la PAT de la red de BT la tensión de falla origino una descarga en la cruceta de madera (que en este caso estaba mojada por la lluvia) y daño aparatos de los usuarios en la red de BT. La protección de falla a tierra de la red de MT actuó y desconectó la red en un tiempo del orden de un segundo.

Se realizaron mediciones con telurímetro en el soporte de hormigón armado de 13,2 kV y en los soportes de red de baja tensión (neutro a tierra). Con los valores de puesta a tierra de media tensión y baja tensión se puede comprender el motivo que originó que la tensión de falla de la red de media tensión afectara la red de BT (380 / 220 V).

Como la red de MT dispone de protecciones de falla a tierra el lector se preguntará el motivo de los daños en BT estando la protección adecuada de falla a tierra en MT. Si bien es cierto que la protección de falla a tierra actuó y mando la orden de desconexión al interruptor, el tiempo de actuación está relacionado con la preservación de la red de MT no pudo garantizar la integridad del equipamiento de la red de BT ni el equipamiento de los usuarios de la red de BT, sometidos a una sobretensión del orden 7630 V durante un segundo.

Esta situación también motivo la revisión de la instalación en soportes de MT y crucetas de madera para redes desnudas de BT.

Interpretación: Ante la falla de aislación a tierra el soporte adquiere la tensión de fase/ tierra de un valor aproximado de 7630 V. Esta tensión es derivada a tierra por la puesta a tierra y origina la actuación de la protección de falla a tierra instalada en el interruptor de la línea de 13,2 kV. Pero el camino a tierra que ofrece a la falla a tierra el soporte de hormigón armado es de 18,5 ohm y como el camino hacia la red de BT es "más fácil" la falla origina un arco en la cruceta de madera y de allí al neutro puesto a tierra de 380V/220 V que en este caso es del orden de 3,8 ohm en un ramal y 1,1 ohm en el otro ramal.

En el estudio se decidió también realizar un ensayo sobre un trozo de poste de hormigón armado para verificar si tenía alguna aptitud de aislación respecto de la cruceta de madera. El resultado del ensayo indico que ante una falla eléctrica de frecuencia industrial de 7630 V el soporte no ofrece aislación y por lo tanto trasladada la tensión hacia cualquier elemento que este montado en el soporte hasta la actuación de la protección de falla a tierra que desconecta la falla.

Una forma de evitar que la tensión de la falla evolucione hacia el sistema de 380/220 V sería garantizar una puesta a tierra de los soportes de media tensión que la norma IRAM 2284 establece como máximo de 5 ohm. De todos modos no es aconsejable montar líneas desnudas de BT en redes de MT.

Esta situación también motivo la idea de estudiar y proponer un ensayo tomando como base que la línea de BT montada en la línea de MT *fuera de conductores preensamblados* para analizar si ese diseño puede soportar una sobretensión de 7630 V por un segundo sin que esa tensión afecte la red de BT. **Lo interesante fue corroborar que los cables preensamblados resisten esa sobretensión en ese tiempo, así que en principio ese diseño mejora la situación que motivo el estudio.**

Es interesante mencionar que ante una falla como la descripta y si en forma simultánea eventualmente una persona toca el soporte de MT la tensión de falla puede ser mortal pues la protección de falla a tierra de la red de MT, aunque despeje la falla, no cumple con la rapidez de accionamiento como protección de contactos eléctricos. En este sentido se pueden consultar otras especificaciones donde en principio lo que se propone es en el entorno del soporte aumentar la resistividad superficial y en ciertos casos instalar cables de puesta a tierra "aislados" de modo de "alejar" la corriente a tierra de la zona de peligro (ver más adelante el análisis conceptual de las tensiones de paso y contacto).

Un criterio que también se analizó para reducir la tensión de fase en el soporte y así reducir la corriente de falla, era revisar el efecto de instalar una resistencia artificial en el neutro del transformador de AT/MT. Por ejemplo si instalamos una resistencia de 9 ohm la corriente de falla recorre el camino del soporte y de la resistencias, entonces en el soporte la tensión la falla no es la plena de fase sino un porcentaje de esa tensión pues la otra parte cae en la resistencia establecida en el neutro del transformador AT/MT y la tierra de referencia.

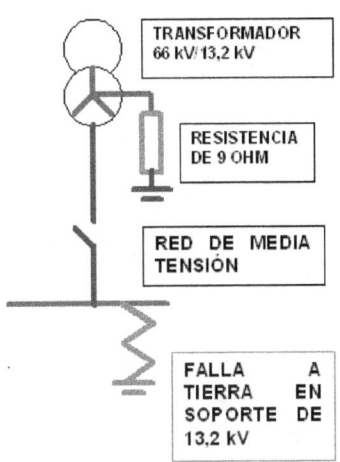

Incorporando por ejemplo una resistencia de 9 ohm en el neutro de media tensión del transformador, se impone un valor máximo del orden de 847 A para una falla con puesta a tierra de valor ideal nulo en el soporte de media tensión. Por ejemplo considerando la tensión de fase y la resistencia del ejemplo la corriente resulta de 7630 V / 9 ohm ≈ 847 A

Si el soporte presenta una resistencia de falla, por ejemplo de 9 ohm, la relación corriente de falla es ahora de 7630V/16 ohm ≈ 423 A En este diseño la tensión de alimentación de la falla *cae la mitad en la resistencia de neutro de PATS de MT y la mitad en la puesta a tierra del soporte*; lo que resulta interesante frente a la situación anterior de neutro rígido a tierra donde la tensión en el soporte era del orden de 7630 V. En definitiva si la tensión se reparte entre el soporte y la PAT de servicio, se reduciría a la mitad la tensión que adquiere el soporte de media tensión con ventaja sobre la evolución de la tensión hacia la red de 380V/220V y sobre la seguridad de las personas que eventualmente pudieran estar cerca del soporte en el breve tiempo de duración de la falla.

El argumento de la posibilidad de que por disminuir la corriente de falla a tierra "no actué el interruptor automático de MT" es manejable considerando un ajuste temporizado convencional del orden de 30 A en la protección falla a tierra del interruptor automático de la red de MT.

Análisis comparativo de ventajas y desventajas de sistemas rígidos a tierra y con neutro resistivo en la PATS

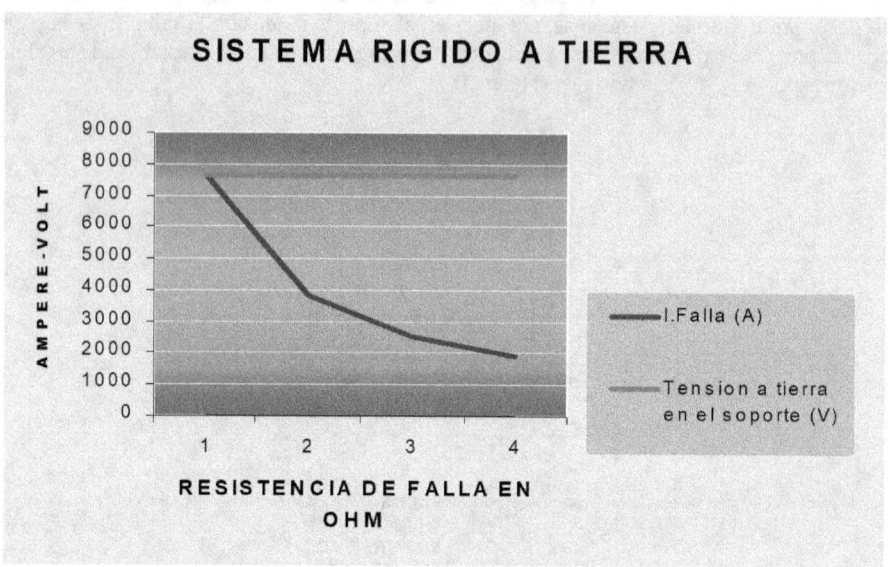

Resistencia de falla (ohm)	Corriente de falla (A)	Tensión respecto de tierra en el soporte (V)
1	7630	7630
2	3815	7630
3	2544	7630
4	1907	7630

Resistencia de falla: En este ejemplo la consideramos como la propia de la falla más la de la puesta a tierra del soporte.

Si el esquema de MT es rígido a tierra la corriente de falla es menor con una mayor resistencia de falla (considerando idealmente nulas las componentes inductivas de la puesta a tierra del neutro de MT y las impedancias a tierra de los cables del tramo en falla). En este caso la corriente disminuye con el aumento de la resistencia de falla pero la tensión en el soporte hacia tierra es siempre *la tensión de fase* (en este caso 7630 V).

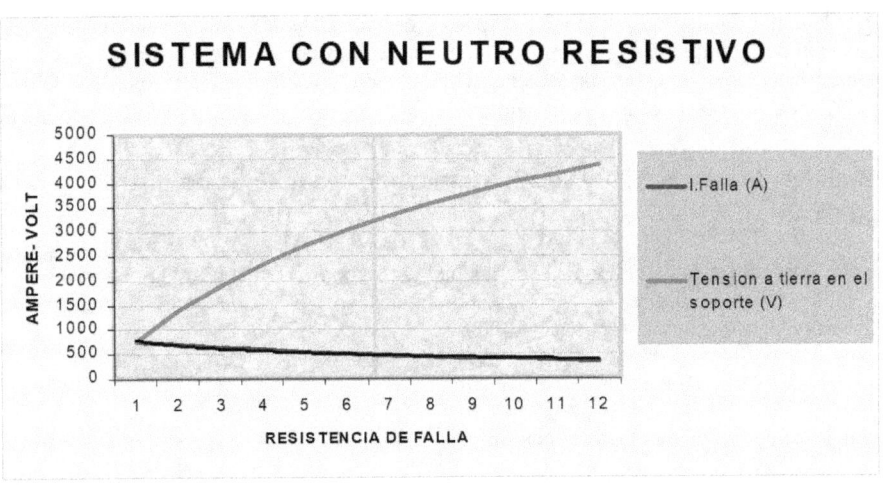

Resistencia del soporte de MT donde se origina la falla (ohm)	Resistencia de PATS del neutro de MT (ohm)	Corriente de falla (A)	Tensión a tierra en el soporte (V)
1	9	763	**763**
2	9	693	1386
3	9	635	1907
4	9	586	2347
5	9	545	2725
6	9	508	3052
7	9	476	3330
8	9	448	3590
9	9	423	3815

Considerando una PAT de neutro de MT por medio de resistencia de 9 ohm la corriente de falla es menor con la mayor resistencia de falla y la tensión en el soporte puede disminuir . El valor máximo de corriente está condicionado por la resistencia artificial establecida en el neutro de MT y no puede ser mayor a la relación entre la tensión de fase y la resistencia del neutro de MT. La tensión a tierra en el soporte depende de la corriente de falla y de la resistencia de puesta a tierra del soporte.

Este ejemplo nos muestra que es siempre interesante disminuir el valor de la PAT en el soporte, pues de acuerdo a los valores de la PAT de neutro de MT disminuyen las tensiones de fallas en el soporte.

En el caso de neutro resistivo de 9 ohm, la corriente de falla máxima será del orden de 763 A (con una resistencia de falla de 1 ohm). La tensión que presente el soporte depende de la relación entre la resistencia de neutro y la resistencia de falla.

Es interesante resaltar que ante una falla a tierra, la tensión que presentara el soporte contra tierra *será menor con la menor resistencia de falla o la menor resistencia de puesta a tierra del soporte.* En este esquema el disminuir la resistencia de puesta a tierra mejora la seguridad eléctrica pues disminuye el valor de tensión a tierra que presentara el soporte ante una falla a tierra. Un riesgo posible es la denominada tensión de paso de paso (ver más adelante) y ese riesgo disminuye con la menor tensión de falla que se logra con la instalación de resistencias en el neutro. De hecho que en este caso se deben analizar otras consecuencias en cuanto a posibles sobretensiones por fallas en la red de MT, situación que excede este trabajo.

4.2. Medidas de protección y su relación con los esquemas de distribución de BT (red pública)

Para poder determinar las características de las medidas de protección contra choques eléctricos en caso de fallas (contactos indirectos) y contra sobreintensidades es preciso tener en cuenta el esquema de la red de distribución de BT (hasta 1000 V)

Los sistemas de distribución se diseñan en función de:

- Tipos de esquemas de conductores activos.

- Tipos de esquemas de puesta a tierra.

4.2.1. Tipos de esquemas de conductores activos de BT.

En la Argentina los esquemas de conductores activos para corriente alterna son:

Corriente alterna de 50 Hz:

Monofásica: 2 conductores (Fase- Neutro)

Trifásica / Trifilar: 3 conductores (Fases L_1, L_2, L_3)

Trifásica / Tetrafilar: 4 conductores (L_1, L_2, L_3 y neutro)

4.2.2 Tipos de esquemas de puesta a tierra.

Los esquemas de puesta a tierra se clasifican en tres grupos y se distinguen entre sí por un código de letras mayúsculas: **TN** (TN-C-S; TN-S; TN-C), **TT**, **IT**.

La primera letra representa la situación de la alimentación con respecto a tierra:

T = Conexión directa de un punto con tierra (en corriente alterna el punto puesto a tierra es normalmente el punto neutro o centroestrella del transformador de distribución).

I = Aislación de todas las partes activas con respecto a tierra (o conexión de un punto con tierra a través de una impedancia).

La segunda letra indica la situación de las masas de la instalación eléctrica con respecto a tierra:

T = Masas conectadas directamente a tierra (que debe ser independientemente de la puesta a tierra de un punto de la red de alimentación).

N = Masas conectadas directamente al punto de alimentación puesto a tierra (en corriente alterna el punto puesto a tierra es normalmente el punto neutro o centroestrella del transformador de distribución).

Las demás letras (tercera o cuarta) señalan la disposición del conductor neutro y del conductor de protección:

4.2.2.1. Esquemas TN-C, TN-C-S; TN-S

Estos tres tipos de esquemas tienen un punto conectado directamente a tierra con las masas de la instalación conectadas a este punto por medio de los conductores de protección (PE).

Dependiendo de la disposición del conductor neutro y del conductor de protección, se distinguen tres tipos de esquemas TN.

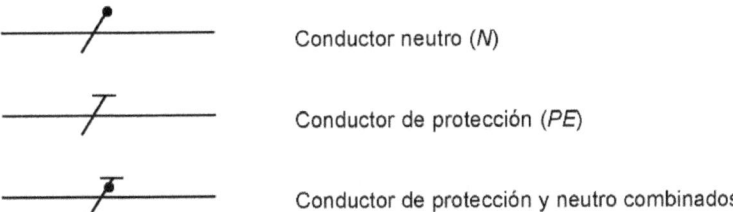

Conductor neutro (*N*)

Conductor de protección (*PE*)

Conductor de protección y neutro combinados

En los esquemas TN cualquier corriente de falla franca fase-masa es una corriente de cortocircuito pues el lazo de falla está formado por elementos conductores metálicos, lo que origina corrientes elevadas respecto a las corrientes de falla a tierra.

Se observa un esquema donde una carga dispone de un neutro y un PE y la otra carga un neutro y un PE combinados.

En lo conceptual una falla interna se transforma en un cortocircuito metálico por el PEN.

Este esquema está prohibido para las instalaciones eléctricas de inmuebles; pues ante una falla queda invalidada (no existirían diferencias de corrientes de fases y neutro) en una protección diferencial ubicada en el origen de la instalación.

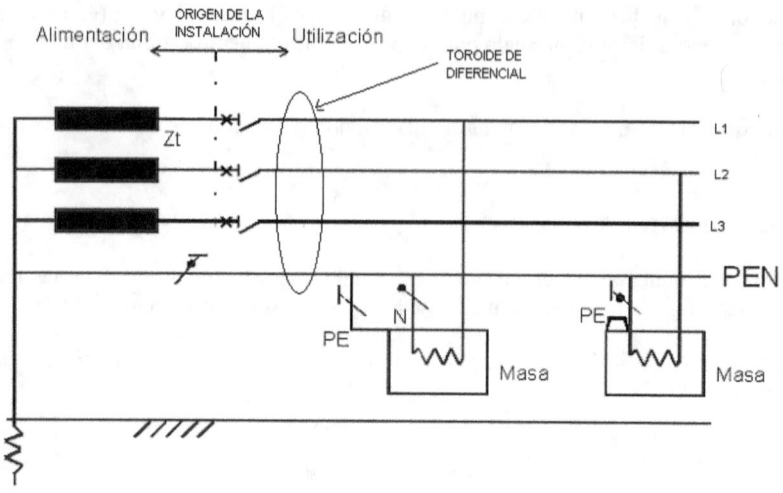

Esquema TT

Estos esquemas poseen un punto de la alimentación de neutro conectado directamente a tierra y las masas de la instalación eléctrica conectadas a las tomas de tierra <u>eléctricamente distintas</u> de la toma de tierra de la alimentación. Las corrientes de falla o defecto fase-masa o fase-tierra pueden tener valores menores que los de cortocircuito, pero pueden provocar la aparición de tensiones peligrosas en las masas respecto de tierra.

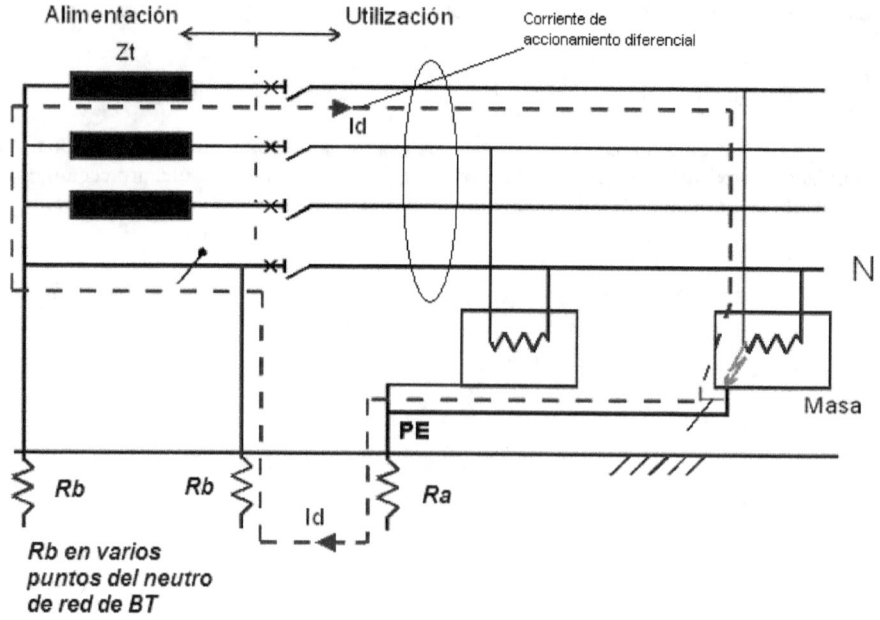

Se puede observar que la corriente de falla (Id) recorre el camino del PE, la tierra y la puesta a tierra del neutro de la red de distribución. Se utiliza este esquema en las instalaciones eléctricas vinculadas a la red pública de BT. Este esquema implica la utilización obligatoria de protecciones sensibles a las fallas a tierra (interruptores diferenciales) en los TS de los usuarios.

Para evitar corrientes de falla a tierra elevadas, es necesario "una separación" entre la puesta a tierra de las instalaciones de los inmuebles y la puesta a tierra del neutro de la red de distribución. En el esquema se puede observar que, por las cercanías de la puesta a tierra entre el PE y la Rb de neutro de la red, la Id no recorra el camino de Ra y Rb y quedar invalidado el esquema TT.

Esquema IT En este caso todas las partes activas están aisladas de tierra (o a un punto conectado a tierra a través de una impedancia). Las masas de la instalación en general están conectadas a una tierra independiente, conectadas colectivamente a tierra o conectadas todas ellas a la puesta a tierra del sistema.

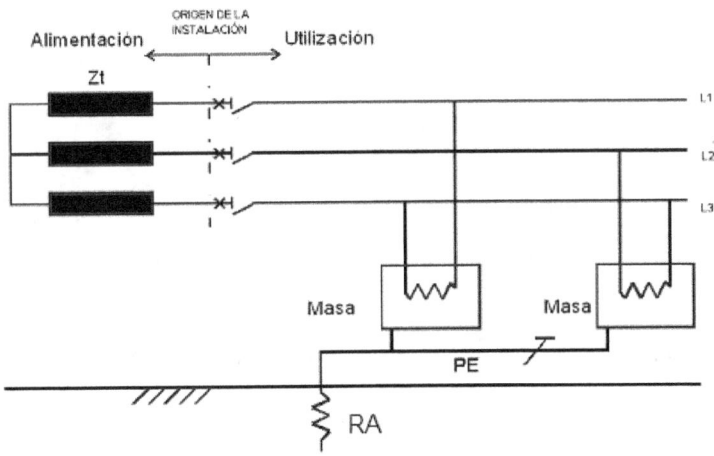

En este esquema, la corriente resultante de un primer defecto de aislación fase-masa o fase-tierra tiene un valor reducido que no provoca la aparición de tensiones de contacto peligrosas. Este esquema se utiliza en instalaciones donde se busca que las fallas de aislación no originen desconexiones (instalaciones de uso médico); pero exige límites de carga y el uso monitores de aislación (instalaciones de uso médico mediante AEA 710).

La limitación del valor de la corriente resultante de un primer defecto fase-masa o fase-tierra se obtiene por la ausencia de conexión a tierra en la alimentación o bien por la inserción de una impedancia suficiente entre un punto de la alimentación (generalmente el neutro) y tierra.

4.3. Aplicaciones de los esquemas de puesta a tierra de redes de distribución pública en BT

La elección de uno de los esquemas de puesta a tierra se debe hacer en función de las características técnicas y económicas de cada instalación.

Pero conviene tener en cuenta los principios siguientes:

1. Las redes de distribución pública en baja tensión tienen un punto puesto directamente a tierra (neutro de la red de distribución). El esquema TT es el único posible para instalaciones receptoras que se alimenten *directamente* de una red de distribución pública en baja tensión. (RIEI).

2. En el caso de instalaciones eléctricas alimentadas en baja tensión a partir de un centro de transformación instalado en el predio del cliente, se puede elegir cualquiera de los esquemas. TN-S; TT o IT.

3. Puede instalarse un esquema IT en una o varias partes de una instalación eléctrica que esté alimentada directamente de una red de distribución pública, mediante el uso de transformadores normalizados a las disposiciones del esquema IT para la seguridad eléctrica (AEA 90364 y AEA 710).

4.4. Tensión de paso (conceptual)

Es la tensión que afecta a una persona que eventualmente circule en las cercanías de una PAT en el momento de una falla que origina en el suelo un gradiente de potencial.

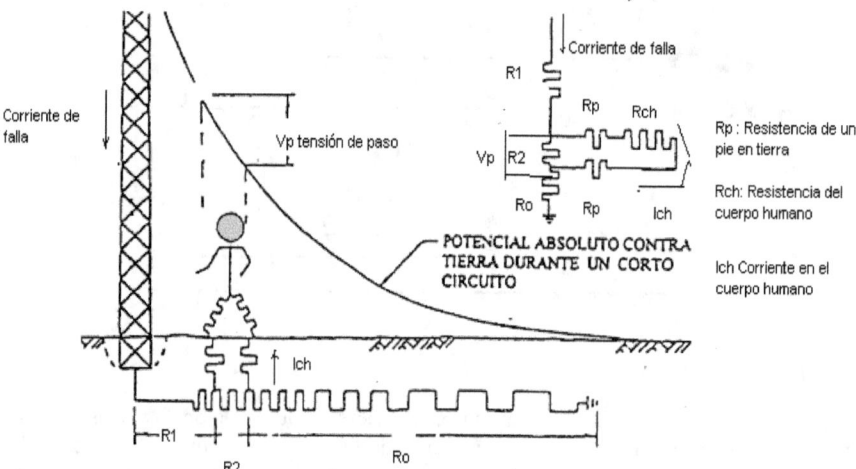

Siendo Vp la diferencia de potencial o tensión de paso entre los dos puntos de apoyo de la persona, la corriente Ich estará dada por la relación:

$$Ich = Vp / (2Rp + Rch)$$

Donde Rp es la resistencia de PAT de cada pie y Rch la resistencia global del cuerpo humano.

Sin entrar en consideraciones técnicas que el lector puede consultar en la bibliografía específica; un simple análisis de la formula nos indica que la corriente de peligro disminuye si se puede aumentar el valor de Rp y también disminuir el de Vp, pues Rch no se puede manejar.

El peligro disminuye con el mayor valor de *Rp* (uso de calzado especifico en áreas como estaciones trasformadoras), situación que no es general y NO se puede prever en instalaciones de uso público y donde transitan personas que no conocen los riesgos.

Para lograr valores menores de *Vp* (caída de tensión en terreno superficial) se debe lograr que la resistividad superficial del suelo <u>sea mayor</u> que la resistividad media del suelo. Con este diseño la mayor corriente de falla ira a las capas profundas y el resto recorrerá el suelo donde se origina la *Vp*.

Por ejemplo los peligros de electrocución por tensión del paso **aumenta** cuando el suelo está recubierto por una capa superficial más conductora que la capa en profundidad , por ejemplo, con suelos de labranza y zonas llanas mojadas por la lluvia.

Estas consideraciones muestran la razón de recomendar enterrar los electrodos dispersores de PAT en las capas húmedas y buenas conductoras del suelo.

Otra forma de ver el tema:

Toda instalación eléctrica deberá disponer de una protección adecuada (que actué ante la falla). La técnica indica que se debe diseñar la instalación de tierra de forma tal que, en cualquier punto normalmente accesible del interior o exterior de la misma donde las personas puedan circular o permanecer, las personas queden sometidas a valores máximos en las tensiones de paso (Vp) durante cualquier defecto en la instalación eléctrica o en la red unida a ella mientras esa falla permanezca.

La tensión máxima *Vp* en volt, MÁXIMA **que puede aceptar la persona** se determina en función de una constante k y un tiempo de duración del defecto según:

1) $Vp = 10 \times k/t^{n}$

La formula nos indica que con mayores tiempos de desconexión se requieren menores valores de *Vp* que no afecten a las personas. *Es decir si la falla permanece mayor tiempo la persona debe quedar sometida a menores valores de Vp.*

Los valores de k a aplicar dependen del tiempo de actuación de la protección de falla a tierra asociada:

t = duración de la falla en segundos.

K= 72 y n =1 para tiempos inferiores a 0.9 segundos.

K= 78.5 y n = 0.18 para tiempos superiores a 0.9 segundos e inferiores a 3 segundos.

Para tiempos comprendidos entre 3 y 5 segundos la tensión de paso aplicada no debe ser mayor a los 640 V y para tiempos superiores a 5 segundos la tensión de paso aplicada no será superior a 500 V.

Ejemplos

1.a) Con K= 72 y **t de 0,9 segundos**, la *Vp* máxima que se puede aceptar es del orden de 800 V

Con K= 78,5 y t **de 1,5 segundos**, la *Vp* máxima que se puede aceptar es del orden de 729 V

Con t = 1 segundo la *Vp* máxima la *Vp* máxima que se puede aceptar es del orden de 785 V.

Si la falla dura más de 3 segundos la tensión de paso *Vp* no debe ser superior a 640 V. Esta garantía de seguridad técnica nos lleva inexorablemente a plantear la necesidad de buscar métodos de instalación que en lo fundamental consisten en:

Instalar la puesta a tierra de un soporte mediante el recurso de profundizar los puntos de contacto con la tierra superficial (cámaras donde la jabalina en contacto con el terreno queda desde el fondo de la cámara o la utilización de conductores aislados en el tramo de contacto superficial). En el caso de mallas que abarcan superficies, ejecutar los contornos perimetrales de forma que la malla quede cóncava (mayor profundidad en el perímetro).

Tensión máxima de paso para la verificación de proyecto

A efectos del cálculo de proyecto se podrán emplear para la estimación de la MÁXIMA TENSIÓN DE PASO APLICAR la expresión:

2) $Vp = 10 \, k / \, t^n \, (1 + 6 \, ps \, /1000)$ (V)

Que responde a un planteamiento simplificado despreciando la resistencia de la piel y del calzado y suponiendo que la resistencia del cuerpo humano de 1.000 ohm y asimilando una separación de un metro entre los apoyos de los pies. Cada pie es un electrodo en forma de placa de 200 centímetros cuadrados de superficie lo que representa que una resistencia de contacto con el suelo evaluada en función de la resistividad superficial del terreno de valor **3 ps** (el contacto de la posición parado más desfavorable es con los dos pies a un metro que da origen al valor **6 ps** para el circuito que impulsa la Ich).

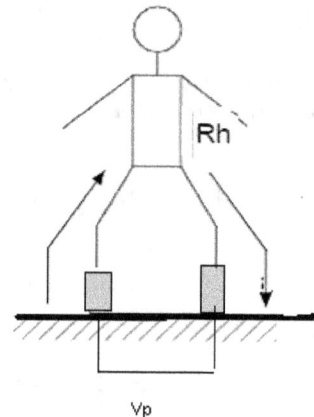

Vp

La fórmula nos indica que a medida que aumenta la resistividad superficial **ps** se logran valores mayores de *Vp* que puede soportar la persona. Esto parece algo contradictorio, pero se debe insistir que esta fórmula determina **los valores máximos de *Vp* a verificar**. La peor situación de verificación sería con ps = 0, en ese caso la fórmula a aplicar sería la 1) y los valores máximos obtenidos no podrían superar los 800 V. Si se logra profundizar y aumentar por métodos artificiales el valor de la resistividad superficial, AUMENTARÁ LA TENSIÓN DE PASO SOPORTADA POR LA PERSONA. Por ejemplo si logramos que la ps sea de 1000 ohm.m la formula 2) quedaría:

$$Vp = 10 \, k / \, t^n \, (1 + 6 \, 1000/1000) = 10 \, k / \, t^n \, x \, 7$$

Para el ejemplo 1.a) con t de un segundo el valor resultante es 800 V x 7 = 5600 V

Este resultado de la formula nos lleva a comprender los criterios de proyecto para lograr aumentar la ps como:

- Disponer suelos o pavimentos que aíslen suficientemente de tierra las zonas peligrosas.

- Establecer conexiones profundas en las zonas de soportes y profundizar las mallas de PAT en las posibles zonas de circulación externas a las instalaciones de potencia y estaciones transformadoras.

4.5. Tensión de contacto (conceptual)

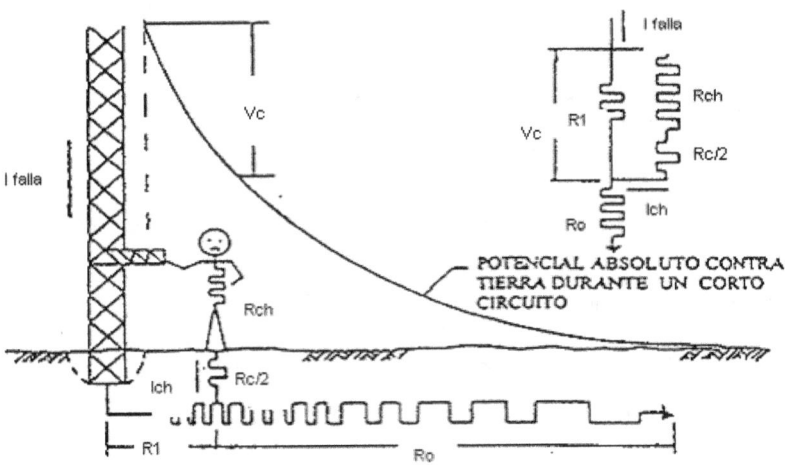

Siendo *Vc* la diferencia de potencial o tensión de contacto considerando a los dos pies en contacto entre sí (valor aproximado de Rcp/2) y el cuerpo de persona situada a 1 metro de una estructura con tensión por una falla. La corriente Ich resulta de:

$$Ich = Vc / (Rcp / 2 + Rch)$$

Observar que en esta fórmula de *Vp* no se aplica el factor 10 respecto de la formula de la tensión de paso, lo que implica que el rango de valores de tensión de paso que puede soportar las personas son menores

Donde *Rcp* es la resistencia de contacto cada pie y *Rch* la resistencia global del cuerpo humano.

Sin entrar en consideraciones técnicas que el lector puede consultar en la bibliografía específica; un simple análisis de la formula nos indica que el peligro disminuye manejando los valores de *Rcp* y reduciendo la *Vc*, pues *Rch* no se puede manejar.

El peligro disminuye con el mayor valor de *Rcp* (uso de calzado especifico en áreas como estaciones trasformadoras), situación que no es general y NO se puede prever en instalaciones públicas donde las personas que desconocen los riesgos pueden tocar partes metálicas con tensión por ejemplo en cercos perimetrales o instalaciones en la vía pública.

Para lograr valores menores de *Vc* se debe lograr que no exista una diferencia de potencial y en ese sentido las mallas superficiales que ofrezcan una continuidad con las estructuras logran una equipotencialidad y la disminución del valor de *Vc*. Estas consideraciones muestran la razón de recomendar la equipotencialidad de las puestas a tierra.

Otra forma de ver el tema:

Toda instalación eléctrica deberá disponer de una protección que actué y despeje la falla o de una instalación de tierra diseñada en forma tal que, en cualquier punto normalmente accesible del interior o exterior de la misma donde las personas puedan circular o permanecer, estas queden sometidas a valores máximos en las tensiones de contacto (*Vc*) durante cualquier defecto en la instalación eléctrica o en la red unida a ella.

La tensión máxima *Vc* en volt, MÁXIMA que *se puede aceptar* se determina en función de una constante k y un tiempo de duración del defecto según:

1) $Vc = k/t^n$

Los valores de k a aplicar dependen del tiempo de actuación de la protección de falla a tierra asociada:

t = duración de la falla en segundos.

K= 72 y n =1 para tiempos inferiores a 0.9 segundos.

K= 78.5 y n = 0.18 para tiempos superiores a 0.9 segundos e inferiores a 3 segundos.

Para tiempos comprendidos entre 3 y 5 segundos la tensión de contacto aplicada no debe sobrepasar los 64 V. para tiempos superiores a 5 segundos la tensión de contacto aplicada no debe ser superior a 50 V.

Ejemplos

1.a) Con K= 72 y t de 0,9 segundos, la *Vc* máxima que se puede aceptar es del orden de 80 V

Con K= 78,5 y t de 1,5 segundos, la *Vc* máxima que se puede aceptar es del orden de 73 V

Con t = 1 segundo la *Vc* máxima que se puede aceptar es del orden de *Vc* = 78,5 V.

Considerar que en el ámbito de inmuebles (AEA 90364) las tensiones máximas de contacto no deben superar los 24 V en ambiente húmedo.

De todos modos si la falla dura más de 3 segundos la tensión de contacto no debe ser superior a 64 V. Esta garantía de seguridad técnica nos lleva inexorablemente a plantear la necesidad de la equipotencialidad en las redes instalaciones eléctricas *que en algunos casos no disponen de protecciones de falla a tierra aptas* para operar en los tiempos que indican las Normas.

Tensión máxima de contacto para la verificación de proyecto

A efectos del cálculo de proyecto se podrán emplear para la estimación de la MÁXIMA TENSIÓN DE CONTACTO A APLICAR la expresión:

2) $Vc = k/ t^n (1 + 1,5 \, ps \, /1000)$ (V)

Que responde a un planteamiento simplificado despreciando la resistencia de la piel y del calzado y suponiendo que la resistencia del cuerpo humano de 1.000 ohm y asimilando cada pie a un electrodo en forma de placa de 200 centímetros cuadrados de superficie lo que representa una resistencia de contacto con el suelo evaluada en función de la resistividad superficial del terreno de valor **3 ps** (el contacto de la posición parado más desfavorable es con los dos pies juntos que da origen al valor **1,5** ps).

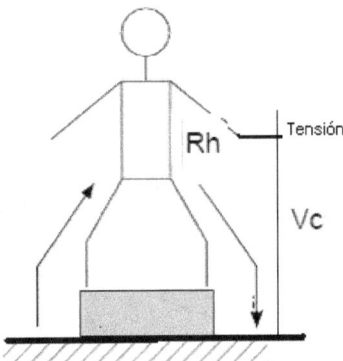

La fórmula nos indica que a medida que aumenta la ps se logran valores mayores de Vc que puede soportar la persona. Esto parece algo contradictorio, pero se debe insistir en que esta fórmula lo que establece son los valores máximos de *Vc* a verificar. La peor situación de verificación sería con ps= 0, en ese caso la fórmula a aplicar sería la 1) y los valores máximos serían del orden de hasta 80 V. Si en el proyecto se logra aumentar por métodos artificiales el valor de la resistividad superficial, AUMENTARÁ LA TENSIÓN DE CONTACTO SOPORTADA POR LA PERSONA. Por ejemplo si logramos que la ps sea de 1000 ohm.m la formula 2) quedaría como:

$$Vc = k/ t^n (1 + 1,5 \, 1000/1000) = k/ t^n \times 2,5$$

Para el ejemplo 1.a) el valor resultante es 80 V x 2,5 = 200 V

Este resultado de la formula nos lleva a comprender los criterios de proyecto para lograr aumentar la ps como:

- Disponer suelos o pavimentos que aíslen suficientemente de tierra las zonas peligrosas.

- Establecer conexiones equipotenciales entre la zona de acceso para el personal de servicio y todos los elementos conductores accesibles desde la misma.

En los edificios prefabricados las medidas sugeridas son:

- Aislar las puertas y rejillas metálicas que dan al exterior del CT, de forma que no tengan contacto eléctrico con masas susceptibles de quedar sometidas a tensión en caso de defecto.

• El piso del edificio incorpora una malla de PAT que se conectará a la puesta a tierra de protección, de forma que la persona que acceda quede sobre una superficie equipotencial minimizando el riesgo de tensión de contacto y de paso en el interior de edificio.

4. 6 Criterios generales para reducir las tensiones de paso y contacto.

En caminos internos en Estaciones Trasformadoras utilizar grancilla para aumentar la resistencia superficial.

No vincular las partes metálicas exteriores como puertas y rejas de construcciones que contengan equipos de potencia con las puestas a tierra de los equipos.

Equipotenciar las partes metálicas de equipos accesibles de modo de evitar diferencias de potencial de contacto.

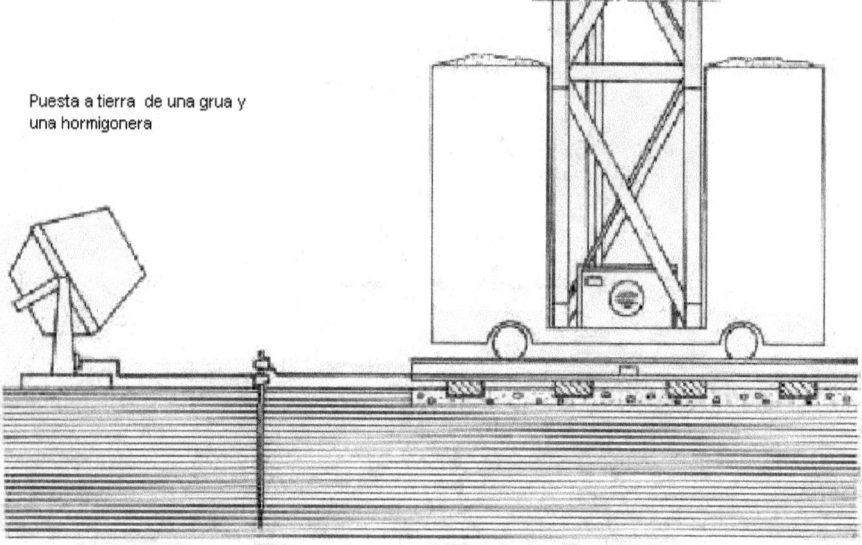

Puesta a tierra de una grua y una hormigonera

El personal de mantenimiento debe contar con aislación de contactos (zapatos y guantes aislados).

4.7 Algunas conclusiones de los peligros de la tensión de paso respecto de la de contacto.

El análisis simple de la formulas lleva a observar que a los efectos de cumplir las Normas de seguridad, la tensión de contacto es más peligrosa pues en la posición de pies juntos el circuito que impulsa la corriente por el cuerpo humano es de menor resistencia que en el caso de tensión de paso donde la persona para sufrir un gradiente de potencial debe estar con los pies separados lo que implica una circuito de mayor resistencia. Además la tensión de contacto implica un recorrido por el corazón y la de paso no.

5
Cálculos básicos de la puesta a tierra

5.1 Puestas a tierras

Estarán constituidas por:

- Jabalinas y electrodos
- Anillos de enlace con la tierra
- Puntos de puestas a tierra.

Electrodos: es una masa metálica permanentemente en contacto con el terreno; jabalinas, conductor enterrado, placas u otros perfiles.

Mallas metálicas: constituidas por electrodos simples del mismo tipo o por combinaciones de ellos y el conductor que los vincula, bajo tierra.

Los electrodos serán de metales inalterables a la humedad y a la acción química del terreno (en general mediante conductores de cobre o jabalinas normalizadas de acero-cobre).

Con el fin de obtener una primera aproximación de la resistencia de tierra, los cálculos pueden efectuarse utilizando los valores medios indicados en la tabla I y aplicarlos a las fórmulas de la tabla II, de acuerdo con el tipo de electrodo utilizado.

Tabla I

Naturaleza del Terreno	Valor Medio de la Resistividad ρ_a ohm.m
Terrenos cultivables y fértiles, terraplenes compactos y húmedos	50
Terrenos cultivables poco fértiles, terraplenes	500
Suelos pedregosos desnudos, arenas secas permeables	3000

Fórmulas para estimar la RA en función de la resistividad del terreno (pt) y las características del electrodo.

Electrodo	Resistencia de puesta a Tierra (ohm)
Placa enterrada	$RA = 0,8 \, pt/P$
Jabalina enterrada vertical	$RA = pt/L$
Conductor enterrado horizontalmente	$RA = 2 \, pt/L$
pt: resistividad del terreno (ohm.m)	

P: perímetro de la placa (m)
L: longitud de la jabalina o del conductor (m)

5.2 Ejemplo de malla de puesta a tierra para un sistema de MT y BT

El dato de la corriente de cortocircuito se presenta como una "potencia de cortocircuito" monofásica en kA y resulta de considerar la mayor corriente posible de falla monofásica desde sistema del 13,2 kV o desde el sistema de 380/220 V.

El valor mayor de corriente de cálculo del supuesto cortocircuito relacionado con la malla lo debe transmitir hacia tierra.

En el cortocircuito monofásico **interviene en forma decisiva el valor de la resistencia interpuesta en el cortocircuito.** Si consideramos la situación más desfavorable (inexistencia de arco de ningún tipo), con impedancia de sistema evaluada en un amortiguamiento de 0,8 del valor teórico de impedancia infinita, e incorporando el valor que de todos modos existe como la resistencia de la malla misma, se puede plantear en forma simplificada:

$$I_{cc\,1} = 0,8\,\frac{E_f}{R_m}$$

Donde:

E_f: Tensión de fase

R_m: Resistencia de malla

$I_{cc\,1}$: Corriente de cortocircuito monofásico

De la fórmula aproximada (máximo valor de $I_{cc\,1}$; considerando que el mínimo valor de RA de la malla y jabalinas asociadas, por ejemplo 1 ohm, resulta un valor de máxima de $I_{cc\,1max}$ relacionado con la tensión de fase del transformador

$$I_{cc1,m\,x} = 0,8\,\frac{7620}{1} = 6100\,A$$

El cálculo de UNA ÚNICA MALLA que abarcará las dos tensiones se puede realizar en este ejemplo considerando el valor de referencia de 6100 A.

Corriente total o máxima a evacuar hacia tierra

La corriente máxima, como ya se mencionó, se refiere a la CORRIENTE MÁXIMA DE FALLA A TIERRA en la situación que origina corriente hacia la tierra que es el cortocircuito monofásico de fase-tierra.

Es necesario recalcar que el cortocircuito trifásico, aunque sea con contacto a tierra, no origina corrientes hacia tierra pues las tres corrientes, aunque mayores, están desfasadas 120 grados eléctricos entre sí y dan como resultado un valor nulo de corriente a tierra.

Sección de cobre de cable o pletina

Para la puesta a tierra de las instalaciones se puede adoptar el SISTEMA DE PUESTA A TIERRA ÚNICA, constituida por una malla equipotencial de cobre electrolítico de una sección que resulta del cálculo correspondiente y en general no menor de 50 mm^2.

Al conductor de cobre se le adjudica una capacidad de transmitir una densidad de corriente del orden de 150 A/mm^2; por lo cual la sección mínima necesaria se calcula como:

$$S \ [mm^2] = \frac{I_t}{150}$$

$$S = \frac{6100}{150} = 40 \ [mm^2]$$

Largo "teórico" aproximado de los conductores de la malla, asumiendo que toda la I_{cc} es dispersada por la malla.

La cantidad de metros de cobre de la malla está relacionada con la resistividad eléctrica del terreno y la corriente I_t a evacuar así como a la verificación posterior del resultado de máxima tensión de contacto U_c especificada en el proyecto, como se verá más adelante.

El diseño de la malla y sus dimensiones debe resolver el problema de evacuar la I_t hacia un terreno de una resistividad (δ_t) que en este ejemplo se asume de 200 Ω.m.

El largo necesario en metros de los conductores de la malla resulta de calcular:

$$L_c \ [m] = \frac{0,7 \ \delta_m \ I_t}{U_c}$$

El valor de la resistividad eléctrica del terreno a la profundidad de implantación de la malla (terrenos arcillosos, sin piedras en este caso) lo consideramos de valor máximo: 200 ohm.m.

U_c (V): Dato de tensión máxima a lograr (en este ejemplo se busca cumplir el valor 125 V).

$$L_c \ [m] = \frac{0,7 \ x \ 200 \ x \ 6100}{125} = 7504 \ m$$

En este proyecto se instalarán aproximadamente 200 m de cable de malla, más un conjunto de jabalinas.

La característica de más relevancia de la malla es dar un conjunto equipotencial en contacto con la tierra al vinculando los equipos y tableros mediante conductores de cobre.

Resistencia de la malla (R_m), sólo mediante conductores de cobre

Consiste en calcular el valor resultante de la resistencia hacia tierra lograda por la presencia de la malla enterrada.

$$R_m \ [Ohm] = \frac{\delta_m}{2 \ d} + \frac{\delta_m}{L_c}$$

Siendo:

L_c: Longitud de conductores de la malla propuesta en metros.

d: Diámetro equivalente del círculo de igual superficie que la superficie de la malla propuesta, en metros, tomando sólo la malla propia de la estación:

Considerando una malla para una superficie de 10m x 6m = 60m², queda:

$$d = \sqrt{4 \, x \, \frac{60}{\pi}} = 5 \, m$$

$$R_m = \frac{200}{2 \, x \, 5} + \frac{200}{200} = 21 \, [Ohm]$$

Resistencia de la jabalina (R_j)

La sección circular y el material químico de la jabalina nos pueden asegurar que la misma tendrá una buena duración frente a la acción corrosiva del terreno. Consideremos la resistencia que logra una jabalina en este tipo de terreno en 5 ohm.

$$R_j = 5 \, Ohm$$

Corriente dispersada por la malla propuesta: I_m

Esta corriente se calcula luego de aplicar los diversos datos de proyecto y establecer la malla que cubrirá el terreno y de proponer lo exigido en cuanto a "cuadrículas" (cuadrados que se forman por cruce de cables de la malla):

La malla tendrá una disposición ortogonal y cubrirá de modo efectivo toda la superficie de la estación comprendida dentro de su cierre perimetral. El sistema estará constituido por un conjunto de conductores elementales enterrados horizontalmente y conectados entre sí formando una retícula cuyas dimensiones pueden oscilar entre 0,5 x 0,5 y 1,2 x 1,2 m.

En este ejemplo se establece una cuadrícula de 1 x 1 m suponiendo una malla de estación transformadora de tipo interior de tensión máxima 13,2 kV.

Además se deben adicionar las conexiones entre mallas que se necesitan, tanto para el conjunto de la malla como para otras mallas donde se exigen puestas a tierra asociadas a una determinada instalación conectada a la malla general.

Del conjunto resultará una determinada malla en la cual se debe verificar su capacidad de corriente de dispersión (I_m), en ampere:

$$I_m \, [A] = \frac{I_t \cdot k}{100}$$

Siendo:

I_m : la capacidad de corriente de la malla diseñada

k :   Relación porcentual de I_t que puede dispersar la malla propuesta

Con la formula

$$I_m = \frac{U_c \cdot L_m}{0,7 \cdot \delta_m} = \frac{125 \; x \; 200}{0,7 \; x \; 200} = 178 \; A$$

<u>Número de jabalinas necesarias</u> (n)

$$n = \frac{I_j \cdot R_j}{I_m \cdot R_m}$$

Donde : $I_j = (I_t - I_m) \; [A]$

$$n = \frac{(6100 - 178) \; x \; 5}{178 \; x \; 21} = 7,92 \; jabalinas$$

Esta diferencia entre las jabalinas teóricas y las cinco instaladas se cubrirá vinculando a tierra las tierras naturales encontradas en la zona que son las riostras de fundación que se vincularán también al sistema de puesta a tierra (Ver Nota más adelante).

Se adopta un número mínimo de jabalinas igual a 5 (cinco), a partir de considerar una corriente lí-mite de 6100 A.

En este ejemplo se adopta el mínimo de 5 jabalinas.

Distribución de la corriente evacuada en conjunto (parte por malla y parte por jabalinas)

Primero se determina el valor de la resistencia del conjunto R_t del "paralelo" malla y jabalina:

$$\frac{1}{R_t} = (\frac{1}{R_m} + \frac{1}{R_{jt}}) \; [\frac{1}{Ohm}]$$

R_{jt}:   Resistencia total del conjunto de jabalinas, valor que se obtiene de:

$$R_{jt} = \frac{R_j}{n}$$

En este caso el número de jabalinas n=5 y R_j =5 ohm. Reemplazando:

$$R_{jt} = \frac{5}{5} = 1 \; Ohm$$

Con este valor y de R_m ya calculado en 21 ohm:

$$\frac{1}{R_t} = (\frac{1}{21} + \frac{1}{1}) \; [\frac{1}{Ohm}]$$

$$R_t = 1 \; [Ohm]$$

Rt = 1 ohm es el resultado de instalar 5 jabalinas y las conexiones equipotenciales mencionadas anteriormente. Si el cálculo se realiza con las casi 8 jabalinas teóricas obtenidas, el valor de Im será el que se aplica más delante de 178 A.

Finalmente se puede discriminar la corriente que, malla y jabalinas, dispersan de la corriente total a dispersar por el conjunto

$$I_m = I_t \left(\frac{R_t}{R_m} \right) [A]$$

$$I_j = I_t \left(\frac{R_t}{R_{jt}} \right) [A]$$

$$I_m = 6100 \times \frac{1}{21} = 290 \ [A]$$

Im de 290 A para 5 jabalinas

$$I_j = 6100 \times \frac{1}{1} = 6100 \ [A]$$

Obsérvese que la mayor parte de la corriente de falla será dispersada por las jabalinas.

Verificación de la tensión de contacto máxima exigida en proyecto

Del orden de 125 V

La circulación de corriente de frecuencia industrial por todo el circuito de puesta a tierra originará tensiones de **paso** y **de contacto** en el interior y el exterior de la malla.

La Norma VDE 0121 aconseja verificar las tensiones de paso y de contacto en el interior de la estación con un tiempo referencial de 1 segundo, como tiempo de actuación de las protecciones asociadas al sistema de puesta a tierra, estableciendo el valor de seguridad ya mencionado de 125 V.

$$U_c = \frac{0,7 \times \delta_m \times I_m}{L_m \times h} \ [V]$$

h: Profundidad de instalación. Haciendo h = 1m tenemos:

$$U_c = \frac{0,7 \times 200 \times 178}{200} = 124[V/m] \prec 125 \ [V/m]$$

Verificación de la tensión de paso (U$_p$) máxima exigida en proyecto (del orden de 125 Volt/metro)

En este punto se procura resolver una hipotética situación de descarga a tierra y donde una persona ubicada sobre el terreno de la malla o en el exterior de la estación y sus pies separados 1 metro (paso), no se originen en ella tensiones mayores a las exigidas en este caso, es decir los 125 V.

$$U_p = \frac{0,16 \times \delta_m \times I_m}{L_m \times h} \ [V]$$

$$U_p = \frac{0,16 \times 200 \times 178}{200 \times 1} = 29 \ [V] \prec 125 \ [V]$$

Especificaciones Técnicas Constructivas

La malla se ejecutará con conductores desnudos de cobre en sus tramos enterrados. El contorno se ubicará a una profundidad aproximada de 1,5 m para mejorar el gradiente de "tensión de paso" hacia el exterior de la malla.

Se ubicarán jabalinas de 2 m de largo.

Las uniones y conexiones de la malla misma se ejecutarán con soldaduras cuproaluminotérmicas (soldadura fría) de tipo cruz incluidas las periféricas y las conexiones a la tierra natural encontrada en el terreno.

Todos los elementos no sometidos a tensión (carcazas metálicas de aparatos, partes metálicas de tableros y/o bastidores y bornes de aparatos específicos indicados) se conectarán al sistema de puesta a tierra mediante conductores en general desnudos y de sección de cobre indicada en planos.

Los elementos de conexión serán de tipo grampas conectoras tipo normalizadas, terminales y burlonería del tipo para conexión a sistema de puesta a tierra.

La malla y sus conexiones hacia el exterior se construirán previamente a la instalación del equipamiento (obras civiles, canales, bases, etc.), en un terreno nivelado. Luego de la construcción de la malla, humedecer y apisonar la tierra cribada extraída, de modo de obtener una buena compactación y **Contacto Firme Tierra Cables** para luego preparar el nivel del terreno de la futura estación transformadora.

Sistema de puesta a tierra: Para la puesta a tierra de las instalaciones se adoptará al sistema de puesta a tierra única, debiendo construirse para tal fin una malla equipotencial con cable de cobre electrolítico, de la sección que resulte del cálculo correspondiente y de 50 mm^2.

Esta malla tendrá una disposición ortogonal y cubrirá de modo efectivo toda la superficie de la estación comprendida dentro de su cierre perimetral.

La malla será instalada a una profundidad que podrá variar entre 0,7 m y 1 m, debiendo conectarse a lo largo de su perímetro, a dispersores de 3 m de longitud enterrados una profundidad no menor de 1 m. Estos dispersores serán IRAM 2309.

Dos de los citados dispersores serán inspeccionables y permitirán conectar los aparatos necesarios para la medición de la resistencia a tierra de la malla en cuestión; además se podrá desconectar el dispersor de la malla a fin de comprobar su resistencia a tierra.

Los dispersores se dispondrán, dentro de lo posible, en la periferia de la malla, con excepción de los correspondientes a los neutros de los transformadores y descargadores de sobretensión que se instalarán lo más cercano posible a los aparatos.

La separación entre dispersores, en general, no será inferior a 8 m, para evitar el solapamiento de sus acciones. Las conexiones de la malla entre sí, de los dispersores a ella y de los "chicotes" y tramos de conexionado de aparatos, se realizarán con soldadura fuerte oxiacetilénica o cuproaluminotérmica. En este último caso deberán ser del tipo cruz. En general no se permitirán tratamientos especiales del terreno tendientes a disminuir la resistencia óhmica de contacto de la malla equipotencial; solo se admitirá esta solución cuando circunstancias debidamente justificadas lo requieran.

Todos los elementos y aparatos de las instalaciones, no sometidas a tensión, serán conectados a la malla equipotencial de tierra de la forma más directa y corta posible.

Las conexiones serán visibles y no estarán sometidas a esfuerzos mecánicos, debiendo evitarse en su recorrido ángulos agudos.

El extremo de estas conexiones correspondientes a los aparatos y elementos, serán estañadas, como así también la superficie de contacto de la grapa, que las reciba. Esta grapa será de latón; el medio que lo fije al aparato o elemento será del mismo material o de acero cincado. El conductor de conexión citado será cable de cobre electrolítico de un sección acorde con el cálculo, pero no menor de 25 mm^2.

Cada uno de los conjuntos de tres paños, del cerco perimetral, puertas y/o portones del mismo, se conectarán eléctricamente entre sí por medio de una cinta trenzada flexible de cobre de sección equivalente a cable de cobre de 25 mm^2 y morsetería adecuada. Estos conjuntos se vincularán posteriormente a la malla de puesta a tierra, con cable de cobre desnudo de 25 mm^2 de sección.

El dimensionamiento de las instalaciones de puesta a tierra deberá efectuase en función de la corriente a disipar y al tiempo de actuación de los dispositivos de protección y el interruptor.

Para el cálculo completo de la malla equipotencial de tierra se partirá del máximo valor de la potencia de cortocircuito bifásico o monofásico a tierra (Pcc) y se empleará el valor más desfavorable de la resistividad del terreno en la que se encuentra alojada dicha malla equipotencial para la evacuación de esa potencia eléctrica de cortocircuito.

Dicho coeficiente de resistividad específico se determinará a profundidades de 1 m y 4 m para la malla propiamente dicha y para los dispersores respectivamente a los efectos de conseguir:

- Una tensión de contacto de: 125 V

- Una tensión de paso de: 125 V/m

- Un gradiente de potencial en el borde de la malla de: 125 V/m

Los valores adoptados para las tensiones de contacto de paso y el gradiente se han fijado tendiendo en cuenta las velocidades de actuación de los relevadores de protección ante fallas a tierra. Para tiempos iguales o mayores a 1 segundo, las tensiones mencionadas, no deberán superar los mayores admitidos para estas tensiones y tiempos totales de desconexión.

Los neutros de los transformadores serán conectados a un dispersor particular, por medio de un conductor de cobre de 50 mm^2 de sección mínima con aislación no inferior al 10% de la tensión del circuito al cual pertenece. Estos conductores no deberán poseer pantalla electrostática.

En caso que los neutros de los transformadores, sean conectados a tierra por medio de seccionadores, la conexión entre neutro y seccionador deberá realizarse con el mismo criterio de distancia eléctrica que para las fases del sistema.

Los neutros de los transformadores y los descargadores de sobretensión que pudieran formar parte de la instalación a proteger serán vinculados galvánicamente con dispersores individuales y éstos a su vez a dos puntos de la malla equipotencial; puntos pertenecientes a distintos lados de la cuadrícula más próxima al dispersor.

Para la conexión a tierra de los descargadores de sobretensión, se emplearán conductores de cobre de sección no inferior a: 24 + 0,4 U = mm2 (siendo U el valor de la tensión nominal en kV de los descargadores). Estos conductores estarán aislados según lo especificado para neutro de transformadores.

Especificaciones técnicas constructivas

La malla se ejecutará con conductores desnudos de cobre en sus tramos enterrados.

Todos los elementos metálicos no sometidos a tensión (carcazas metálicas de aparatos, partes metálicas de tableros y/o bastidores de aparatos) se conectarán al sistema de puesta a tierra.

Los elementos de conexión serán con terminales y burlonería para conexión a la puesta a tierra.

Sistema de puesta a tierra:

Algunos dispersores serán tipo inspeccionables y permitirán conectar los aparatos necesarios para la medición de la resistencia a tierra de la malla.

Los dispersores se dispondrán, dentro de lo posible, en la periferia de la malla, con excepción de los correspondientes a los neutros de los transformadores y descargadores de sobretensión que se instalarán lo más cercano posible a los aparatos.

El neutro del transformador será conectado a un dispersor particular, por medio de un conductor de cobre de 50 mm^2 de sección mínima

6
La necesidad de proyectar instalaciones eléctricas con el criterio de "equipotenciar las puestas a tierras"

Introducción

Es conocido que las normas de seguridad y de funcionamiento de los equipos, exijan que sus partes metálicas accesibles estén vinculadas a la puesta a tierra referencial, para asegurar el accionamiento de las protecciones que operen con corrientes a tierra generadas por tensiones a tierra peligrosas.

También los equipos de tecnología de componentes electrónicos que en general están diseñados con cubiertas plásticas, requieren una puesta a tierra para derivar posibles sobretensiones que puedan provenir del mismo sistema eléctrico de alimentación.

Desde el origen de la incorporación masiva de equipos que funcionaban con componentes de tecnología electrónica, se advirtió que los equipos electrónicos resultaban dañados con tensiones que provinieran del sistema de puesta a tierra general, cuando se conectaban equipos de instalaciones convencionales y de tecnología electrónica al mismo sistema de puesta a tierra.

Estos hechos originaron que se hiciera muy popular en el diseño de puestas a tierra, el criterio de realizar conexiones de **puesta a tierra separada** para los equipos electrónicos con respecto a la puesta a tierra del resto de los equipos tradicionales de las instalaciones.

Estas puestas a tierra independiente para los equipos con componentes electrónicos, se denominó "tierra independiente", "tierra aislada", "tierra limpia", etc.

El criterio de *establecer sistemas de puestas a tierra independientes conectados a tierras independientes*, origina que por ejemplo, ante una descarga atmosférica se generen sobretensiones peligrosas entre las diversas puestas a tierra y daños en equipos electrónicos conectado a una puesta a tierra independiente.

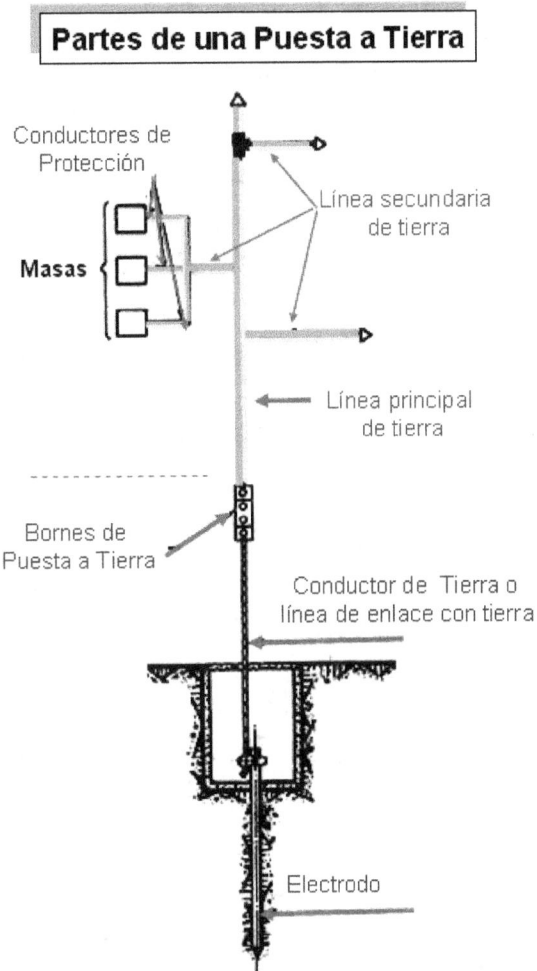

Partes de una Puesta a Tierra

Conductores de Protección

Línea secundaria de tierra

Masas

Línea principal de tierra

Bornes de Puesta a Tierra

Conductor de Tierra o línea de enlace con tierra

Electrodo

Puesta a tierra de los equipos de tecnología electrónica

La necesidad de cumplir reglamentos de seguridad y también la necesidad de conectar a tierra dispositivos de protección internos que derivan a tierra sobretensiones provenientes de la red de alimentación, lleva a prever inexorablemente la conexión a tierra de masas metálicas o de bornes de dispositivos protectores de sobretensiones instalados para tal fin por los fabricantes de los equipos electrónicos aunque su masa no sea metálica.

Analizando lo especificado en normas internacionales se puede observar el criterio de puestas a tierra para diversos equipos de la instalación y *la exigencia de establecer un sistema equipotencial o equipotenciador de la puesta tierra* como en la figura que sigue:

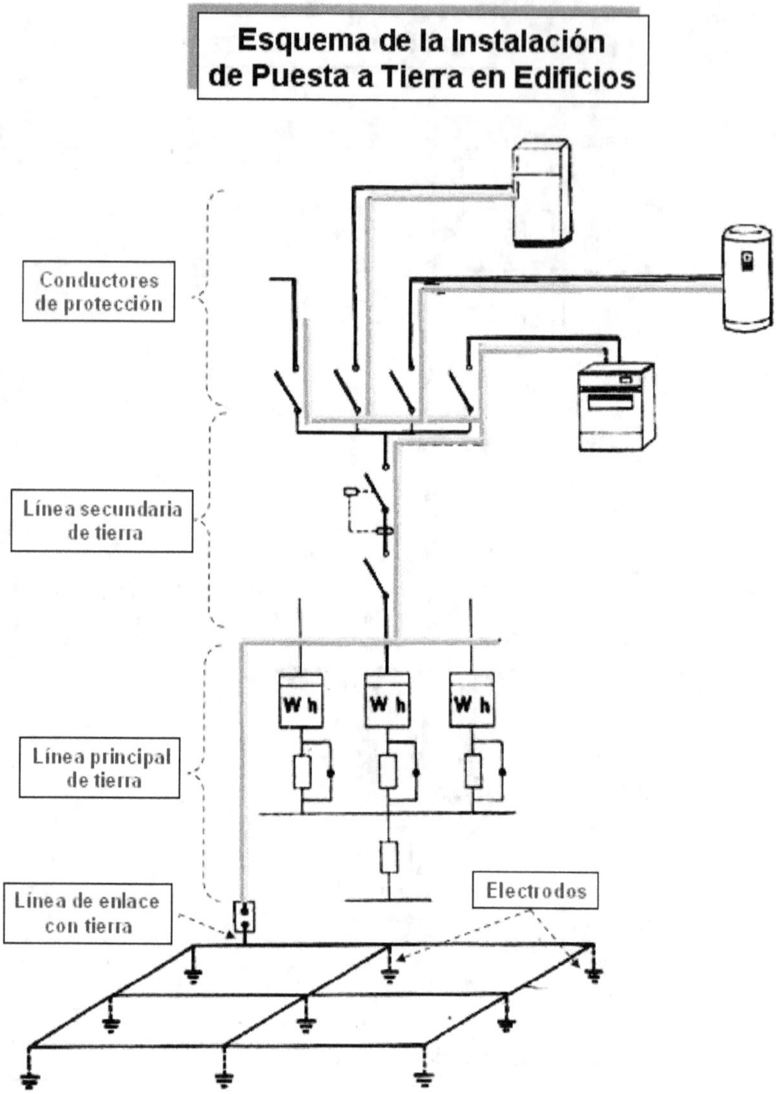

Esquema de la Instalación de Puesta a Tierra en Edificios

Conductores de protección

Línea secundaria de tierra

Línea principal de tierra

Línea de enlace con tierra

Electrodos

W h

Figura. Sistema de puesta a tierra de tipo normalizado.

El electrodo en anillo. Sistema de cables y jabalinas que se construye en la etapa inicial de la edificación de modo de construir un sistema conectado y en parte embebido en el hormigón (que se considera un material conductor de corrientes a tierra).

Las líneas de enlace con la puesta a tierra llegan a los lugares de las cajas especializadas de conexión que disponen de regletas para la medición de los valores de resistencia de puesta a tierra.

Puntos de conexión de cables de protección (PE) con las regletas.

Líneas principales, horizontales y verticales para conectar las derivaciones de cable PE (*).

Derivaciones de PE en general de recorrido horizontal[1].

Conductores de protección de los circuitos internos de las instalaciones, aislados (verde amarillo) según AEA 90364.

La estructura del edificio es utilizada como elemento adicional y complementario para la lograr que todo el edificio este a un sistema equipotencial respecto a la puesta a tierra normalizada.

En la figura que sigue se observa un sistema normalizado que vincula las puestas a tierra de seguridad y de descargas atmosféricas al sistema instalado en la fundación de edificio que actúa como sistema equipotencial de puesta a tierra.

Se pueden observar vinculaciones a las PAT de equipos de potencia considerable como motores específicos para ascensores, antenas a modo de ejemplo de aplicación.

Puesta a Tierra en Edificios

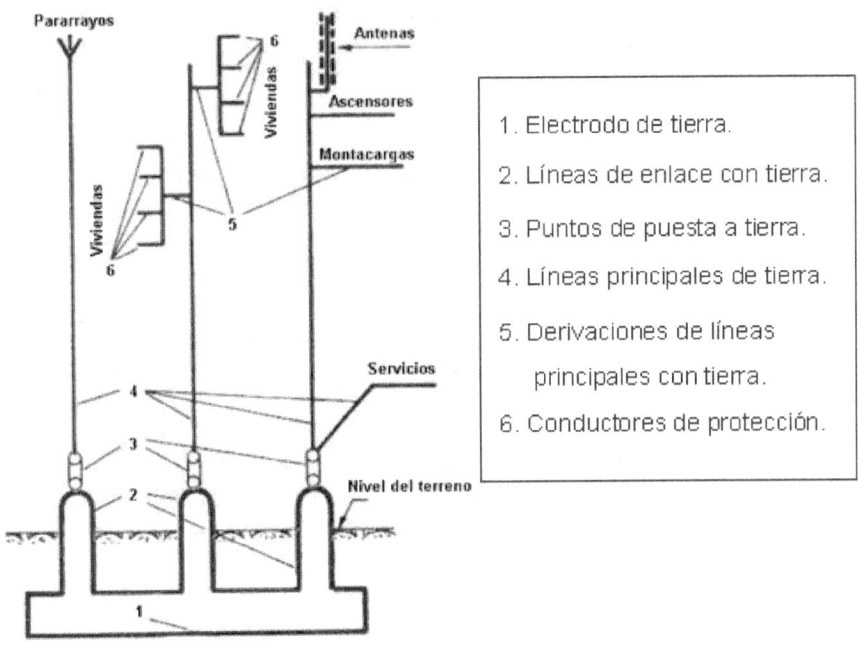

Figura. Vinculación de derivaciones a tierra.

---

1.   Conductores de cobre desnudos o aislados y de secciones mínimas.

También se debe diseñar correctamente la forma de conexión de las puestas a tierra en las fundaciones del edificio para establecer un sistema equipotencial seguro y eficiente en el tiempo, como el posible indicado en figura

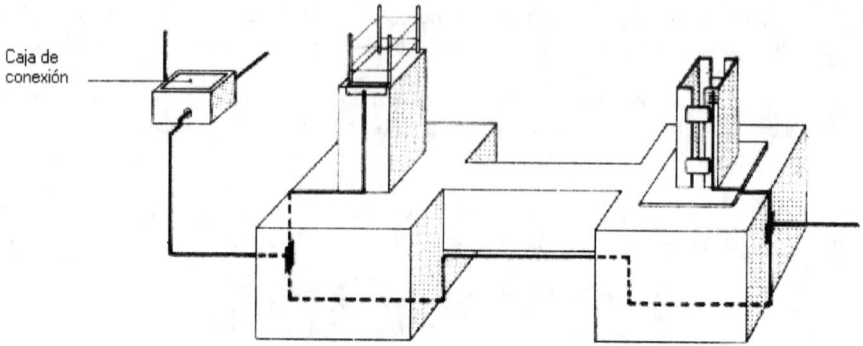

Forma de conexión de estructuras metálicas y armaduras de muros o soportes de hormigón, por medio de un cable conductor soldado al anillo de conducción enterrado.

Figura. Detalle de tipo de conexión entre el sistema de puesta a tierra enterrado y embebido con las cajas especializadas de conexión ubicadas en lugares accesibles predeterminados.

Ejemplo de conexión de columnas a la PATP

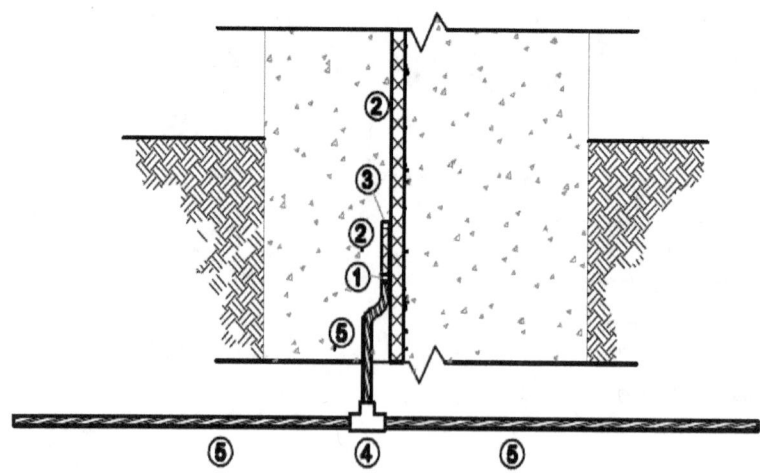

① Soldadura cuproaluminotérmica para
unión a tope de cable a barra de
construcción tipo RG.

② Barra de construcción para estructura
de columna

③ Soldadura eléctrica de barra a barra
de construcción

④ Soldadura cuproaluminotérmica para
unión en T, tipo TA, molde TAC-50-50

⑤ Cable de Cobre-Acero según normas
IRAM 2467, sección 50 mm2.

Ejemplo de conexiones a la malla de la patp

UNION EN CRUZ TIPO XB	UNION EN TE TIPO TA	UNION A TOPE TIPO SS
		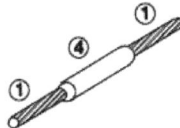

① Cable de Cobre Electrolítico Duro
segun norma IRAM 2.004

② Soldadura Cuproaluminotermica para
union en cruz de cables superpuestos

③ **Soldadura Cuproaluminotermica para union tipo TA.**

④ **Soldadura Cuproaluminotermica para union tipo SS.**

Ejemplo de conexiones de cajas de pisos o plantas de los pe a la PATP

SE RECOMIENDA INSTALAR UNA BARRA DE PAT PARA DERIVAR EL PE EN CADA PISO O PLANTA Y CONTINUAR LA EQUIPOTENCIALIDAD DE LA PATP

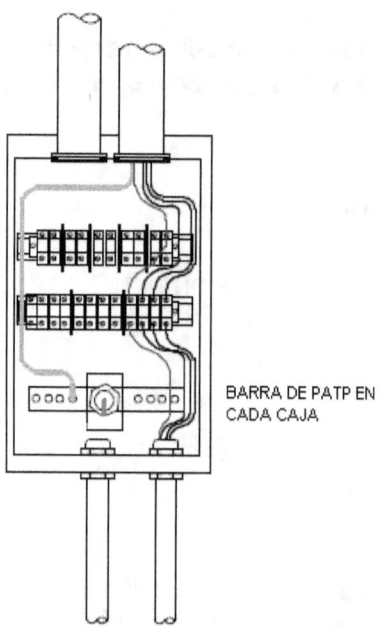

BARRA DE PATP EN CADA CAJA

7

Protección de transformadores por medio de descargadores correctamente puestos a tierra

Descripción de las conexiones de puesta a tierra

Las redes aéreas de cables desnudos pueden estar sometidas a descargas y sobretensiones que si no son derivadas a tierra afectan la vida útil de los transformadores y originan perdidas en la calidad de servicio.

La instalación de descargadores en una subestación debe responder a la necesidad de proteger a los transformadores, y lo trataremos se relaciona directamente con la forma de conexión a tierra de los equipos y de los descargadores.

Por cuestiones de seguridad los transformadores de todo tipo tienen conectada su cuba metálica a tierra. El transformador está fabricado con bobinados aislados conectados a aisladores exteriores ubicados en un cuba metálica, que como se mencionó está conectada a la puesta a tierra en la subestación aérea que estamos analizando.

Los valores de resistencia de puesta a tierra de las subestaciones deben cumplir valores máximos (5 a 10 ohm), pero en la práctica por cuestiones económicas o de falta de mantenimiento los valores pueden ser mayores a los recomendados, sobre todo en redes rurales ubicadas en terrenos que no favorecen valores bajos de puesta a tierra. Nos podemos encontrar con valores de 20 a 50 ohm y aún mayores.

Mediante un ejemplo revisemos la influencia del valor de puesta a tierra y de las conexiones sobre la protección efectiva que brinda un descargador a un transformador.

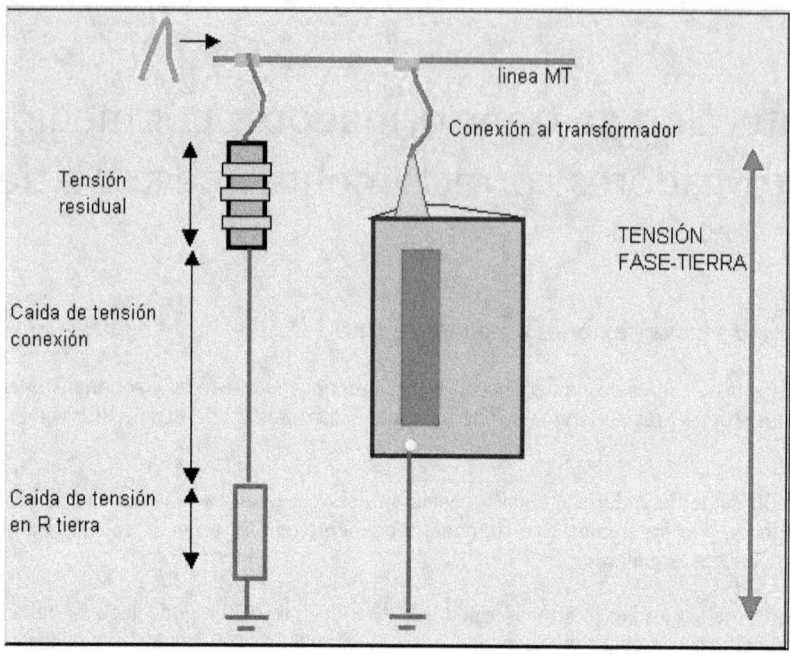

En el esquema anterior y como el descargador se ha conectado a "una tierra independiente" se puede observar que ante una descarga atmosférica la fase-cuba del transformador queda sometido a

La tensión residual (que depende de modelo del descargador, del orden de 35 a 40 kV), más las caídas de tensión de las conexiones (aproximadamente 5 kV/metro para corriente de descarga de 10 kA), más la caída de tensión en la resistencia de puesta a tierra.

Ejemplo:

Supongamos un esquema de conexión como el anterior.

- Tensión residual aproximada (descargador modelo 12 kV) = 30 kV

- Caída de tensión de conexión en 5 m de conductor de conexión con 5 m x 5 kV/m = 25 kV

- Caída de tensión en resistencia de puesta a tierra de 10 ohm con corriente de descarga de 10 kA, con resultado aproximado de 10 ohm x 10 kA = 100 kV

Tensión resultante total fase-cuba en el transformador y mientras dure la descarga = 30 kV + 25 kV + 100 kV = 155 kV > 95 kV (BIL)

Con este esquema de conexión del descargador es muy posible que el transformador resulte dañado o su vida útil en poco tiempo de utilización.

Criterio de diseño de la conexión del descargador y de las puestas a tierra en una subestación transformadora

Revisemos la forma de mejorar el sistema de protección del transformador por medio de una adecuada conexión y tipo de descargadores.

- Considerar el modelo de descargador que presente la menor tensión residual posible compatible con la tensión de fase- tierra de la red.

- Eliminar caídas de tensión adicionales en las conexiones y en la puesta a tierra.

La solución técnica adoptada, y ya experimentada, es que el descargador quede conectado directamente entre fase y cuba como se muestra en el esquema que sigue que mejora el anterior.

Con este esquema el transformador queda sometido solo a la tensión residual del descargador mientras dure la descarga (menor al valor BIL de 95 kV) se garantiza el preservar la vida útil del transformador.

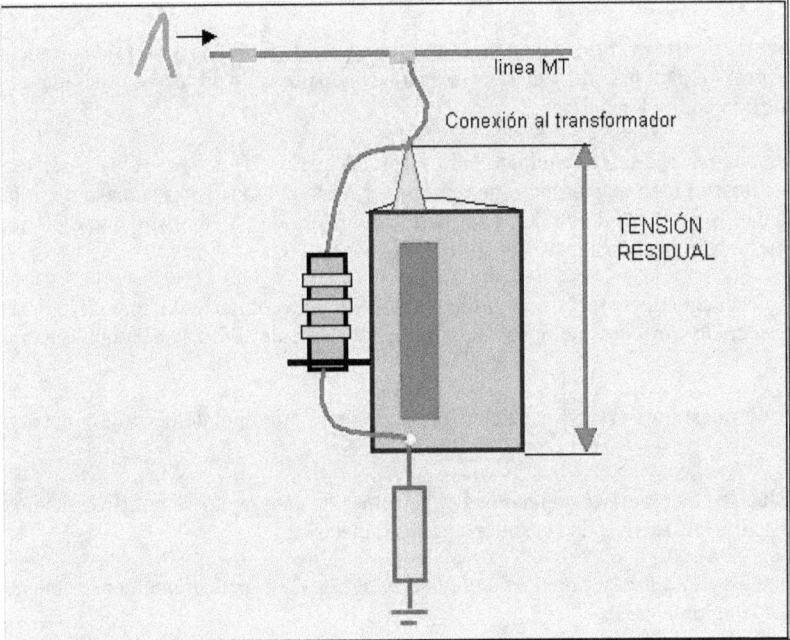

Para el caso que el descargador quede cortocircuitado por una falla interna es recomendable el uso de desligadores. En el caso utilizar fusibles de derivación desde la línea de MT los modelos deben ser aptos para soportar una descarga atmosférica sin actuar, salvo que la falla en el transformador sea permanente

8
Terminología Conceptual

Puesta a tierra: *Conjunto* constituido por una o más tomas de tierra interconectadas y sus conductores de vinculación conectados a un borne principal de tierra.

Toma de tierra: *Electrodo* de tierra individual o un conjunto de electrodos de tierra.

Electrodo de tierra: *Parte conductora* que puede estar embutida en el suelo o en un medio conductor particular, por ejemplo cemento, en contacto eléctrico con la tierra.

Conductor de tierra: *Conductor de protección* que une el borne principal de tierra con la toma de tierra.

Borne principal de tierra: *Borne o barra* que forma parte de la puesta a tierra de protección de una instalación, previsto para la conexión a tierra de los conductores de protección incluidos los conductores de conexión equipotencial.

Masa: *Parte conductora* de un equipamiento eléctrico que puede ser accesible a ser tocada y que normalmente no está bajo tensión pero que puede ser puesta bajo tensión en caso de falla de la aislación principal. No se considera masa una parte conductora de un equipamiento eléctrico que solo puede ser puesta bajo tensión a través de otra masa.

Tierra de referencia (tierra): *Parte de la tierra* considerada como conductora cuyo potencial eléctrico es considerado por convención *igual a cero*. La tierra de referencia también es denominada "tierra lejana".

Resistencia de puesta a tierra: Resistencia entre el borne principal de tierra y la tierra de referencia.

Falla de aislación: *Es un estado defectuoso de la aislación eléctrica, que* por diversas razones no es apta para resistir los esfuerzos de las solicitaciones dieléctricas.

Falla a masa: *Es una unión conductora debida a una falla de la aislación entre las partes activas y una masa del equipamiento.*

Cortocircuito entre fases: Es la unión conductora, provocada por una falla entre conductores activos que en condiciones de servicio están con *tensiones compuestas,* cuando no hay ninguna resistencia en el circuito defectuoso.

Corriente de cortocircuito entre fases: Es una sobrecorriente causada por una falla de impedancia despreciable *entre conductores activos*.

Corriente de defecto o de falla: Es la corriente que circula a causa de una *falla de aislación*.

Corriente de defecto o falla a tierra: Es la corriente que circula a tierra a causa de un defecto.

Defecto o falla a tierra: *Es la unión conductora con tierra o con partes conectadas a tierra, debida a una falla o a un arco voltaico de un conductor de fase (que está aislado en condiciones normales de servicio).*

Tensión de toma a tierra: *Es la tensión que se origina cuando circula una corriente entre una toma de tierra (o un sistema de puesta a tierra) y la tierra de referencia.*

Tensión de contacto (U c): *Es la parte de la tensión de defecto o falla, o de la tensión de la toma de tierra, que puede ser puenteada por el ser humano.*

9
Tecnología de las Conexiones de PAT

En cuanto a las inevitables conexiones se debe lograr un sistema eficiente de PAT desde el inicio y en el tiempo. El sistema de PAT debe contemplar las eventuales corrientes de cortocircuito que someterán a las conexiones y derivaciones a esfuerzos donde no debe quedar afectado el sistema pues quedaría invalidado y con ello la seguridad eléctrica vinculada a la PAT.

Para cumplir estos objetivos y también para no interponer resistencias adicionales donde se pueden originar calentamientos mayores a los admisibles; las interconexiones, uniones, derivaciones, etc. del sistema de PAT deben mantener una resistencia que no sea mayor a la de los propios conductores que han sido verificados en los cálculos de la mallas. Se debe tener en cuenta que las PAT están ubicadas en condiciones enterradas y por ello adversas en cuanto a mantener su condición. Las conexiones entre cableados y a tierra están sujetas a corrosiones, además de los elevados esfuerzos mecánicos debido a las fuerzas electromagnéticas y un rápido calentamiento térmico originados por las corrientes en condiciones de falla.

En definitiva se debe proyectar y construir el sistema equipotencial de PAT y ejercer el control de calidad de las conexiones que una vez realizadas quedaran en su mayoría enterradas y sujetas a las naturales condiciones de corrosión ejercida por el terreno.

Conexiones de cobre por compresión molecular con deformación plástica en frío

Las conexiones a tierra, aparte de los esfuerzos mecánicos deben tener que soportar elevados efectos térmicos por el paso de las corrientes de falla.

De acuerdo al diseño de un sistema de PAT las temperaturas en el conductor pueden alcanzar de 250°C, hasta los 600°C. El conector debe ser apto para soportar estas temperaturas extremas, sin pérdida de su integridad.

Los conectores de compresión molecular en frio están normalizados por IRAM y se utilizan por su practicidad pues ofrecen la condición de realización "en frío" que además es fundamental en instalaciones con regulaciones especificas (instalaciones con entorno combustible) en donde no se permite la utilización de cartuchos explosivos de conexión. También en la industria alimenticia existen regulaciones para la utilización de cartuchos explosivos que pueden originar contaminantes.

Se aplican para conexiones de elementos de cobre-cobre, de cobre-acero/cobre y de acero/cobreacero/cobre. Las conexiones por compresión molecular en frío son de uso enterrado y no enterrado. Se utilizan normalmente en las PAT de las instalaciones de alta tensión, media tensión, baja tensión, comunicaciones, pararrayos, etc.

Los accesorios y componentes para los cuales la norma IRAM establece ensayos y requisitos son:

- Los conectores

- La grasa inhibidora.

- Las matrices de compresión.

- Las herramientas de instalación.

Oferta técnica: En cuanto a la calidad, los conectores ofrecidos por las marcas líderes generalmente vienen envueltos individualmente con su correspondiente grasa inhibidora específica provista siempre con el conector (es una grasa especial que está adherida y soporta las maniobras de montaje sin desprenderse). También cada conector debe estar marcado en relieve con los datos necesarios de sus características y matrices a utilizar.

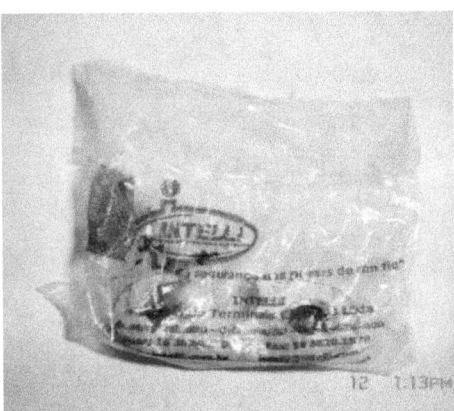 

La matriz es la pieza intermedia que vincula la herramienta hidráulica de apriete y el conector. Es una pieza que no sufre desgaste pues solo ejerce la acción de apriete.

Si después de la conexión se realiza un corte de la misma se observa una "hermanamiento metalúrgico" entre el conector y el elemento conectado.
Los conectores deben fabricados y ensayados mediante la Norma IEEE 837 IEC para todas las aplicaciones de puestas a tierra.

Compresión molecular en frío

Conexión física íntima de dos elementos metálicos electroquímicamente compatibles por deformación plástica molecular e irreversible de los metales a conectar mediante la compresión a muy alta presión. Se deben utilizar herramientas con matrices específicas para cada tipo de conexión que es mecánicamente definitiva y no reutilizable por separación de las piezas correspondientes. Se podrán realizar en condiciones ambientales adversas siempre que no se contaminen las piezas y las herramientas de acuerdo a las instrucciones de montaje indicadas por el fabricante. Antes de la ejecución de la conexión se debe verificar, "in situ", la fuerza de compresión mínima marcada en la herramienta de instalación como así también el tipo y la aptitud de las matrices a emplear y el engrase de los conectores.

Las formas y las medidas de los conectores normalizados deben estar indicadas.

Conector

Pieza de cobre recocido de dimensiones adecuadas al tipo de conexión de condición plásticamente deformable mediante una adecuada matriz de compresión. El conector permite unir dos o más conductores eléctricos entre sí y con jabalinas, barras o pletinas.

Matriz de compresión

Pieza metálica compuesta por dos partes iguales denominadas semimatrices con diseño, forma y dimensiones adecuadas y que se colocan en el cabezal de la herramienta de instalación para aplicar al conector la fuerza de compresión necesaria para deformarlo plásticamente y fijarlo mecánicamente a los elementos que debe unir.

Grasa inhibidora

Compuesto químico sintético que se debe venir aplicado *sobre todas las áreas internas de cada conector* para:

– Facilitar la compresión por la disminución del rozamiento entre piezas.

– Desalojar el aire ocluido en los intersticios de los alambres de los cables y entre el conector y la jabalina, etc.

– Taponar los intersticios para evitar la eventual entrada de la humedad del aire y de los electrólitos del suelo.

– Disminuir la resistencia inicial del contacto eléctrico del conector y estabilizarla inhibiendo su corrosión.

Herramienta de instalación

Herramienta para instalar los conectores por medio de una fuerza de compresión mínima y efectiva de 120 kN (12 tn métricas). La herramienta debe tener un cabezal para alojar las matrices de las diversas formas y tamaños para comprimir y *deformar plásticamente a las piezas a unir mecánicamente y a los conectores*. Esta herramienta puede tener un mecanismo hidráulico, eléctrico, mecánico, etc. y un accionamiento manual, motorizados, etc. La herramienta dispondrá de un limitador automático de la fuerza de compresión.

MODELO C130-38

Esta herramienta, particularmente apropiada para comprimir varios tipos de accesorios, ejecuta la operación en dos etapas, reduciendo de esa manera el número de bombeos.

Posee amplio rango para la operación de compresiones que van desde los 10 a los 400 mm2.; su cabezal C, posee una abertura de mandíbulas de 38 mm., lo que provee la posibilidad de ejecutar compresiones de accesorios voluminosos y tiene la facilidad de rotar un ángulo de 320°, y admitir juegos de matrices intercambiables para herramientas de 130 kN. Un sonido de "click" indica el punto en que la operación de compresión ha alcanzado la fuerza de los 130 kN.

Una vez ejecutada la compresión, el retorno del pistón a su posición original, se consigue por medio de la rotación de la manija móvil de la herramienta.

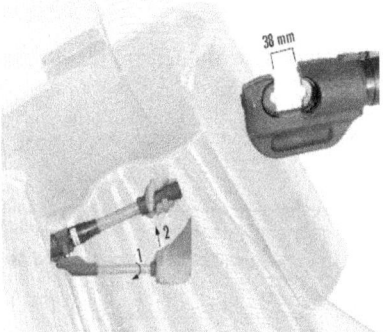

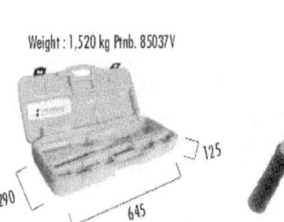

Weight : 1,520 kg Ptnb. 85037V

Nota sobre la herramienta:

Como se puede observar esta herramienta dispone de mandíbulas de 38 mm lo que posibilita conexiones de cables de hasta 240 mm^2 y jabalinas de ¾ "

Conector "C"

Conector de sección con forma aproximada a la de una letra "C" utilizado para la conexión entre cables de cobre o de acero-cobre. También se puede utilizar para la conexión de cables a una jabalina.

Para la conexión a hierros estructurales se aconseja soldar un elemento de cobre al hierro y de allí ejecutar la conexión al cable de cobre mediante conector C

Conector "6"

Conector de sección con una forma aproximada a la de un número "6" o la de una letra "G" utilizado para la conexión de cables de cobre con jabalinas de acero-cobre.

Cómputo de materiales (ejemplo real):

Construcción **de una malla para puesta a tierra que abarque 10,00 m x 10,00 m** con retículas cada 1,00 m. con ocho chicotes de un mínimo de 2,00 m para la conexión con las 4 jabalinas y los equipos.

Estos materiales de conexión permiten construir en lugar próximo la malla y después ubicarla en su posición definitiva en una fosa con las jabalinas conectadas a la malla, pudiendo de inmediato cubrirse la misma con tierra natural.

La tarea se prevé realizar (con clima normal) en el curso de una jornada completa. En caso de eventual lluvia se ubica en un tinglado próximo y luego se traslada la malla sin inconvenientes en sus componentes hasta la fosa.

Material a utilizar:

250 m cable desnudo de Cu de 50 (19hebras) mm^2
125 unid. SAC C 70-70 (121 cruces de cable y 4 chicotes para los equipos)
4 unid. SAC G 1258/70 (unión jabalina-cable, que se realiza con la malla instalada)
4 unid. Jabalinas de 5/8" (16 mm) x 2,00 m

Resistencia mecánica de un conector a la extracción (arranque) de los conductores (cables) y/o jabalinas comprimidos y conectados

Valores mínimos de la fuerza de extracción (por tracción) de cables y/o de jabalinas unidos por conectores a compresión molecular.

Cables de cobre (IRAM 2004)	Cables de acero-cobre (IRAM 2467)	Jabalinas de acero-cobre (IRAM 2309) (*)	Valor mínimo de la fuerza de extracción de cables y/o de jabalinas
Secciones nominales	Secciones nominales	Diámetros nominales	
mm^2	mm^2	mm	daN
Hasta 50	Hasta 50	9	130
70 y 95	70 y 95	12,6	220
120 hasta 240	120 (hasta 240) (**)	14,6 y 16,2	440

EJEMPLOS DE CARACTERÍSTICAS TÉCNICAS PRINCIPALES DE CONECTORES MODELO "C"

SAC "C"

CODIGO INTELLI	WIRE COMBINATION		MATRIZ	HERRAMIENTA	CRIMP
	SECCION mm^2	DERIV mm^2			
SAC C - 35 - 35	35/35/35/25	35/25/16/25	IUC	C 130	1
SAC C - 70 - 35	70/70/50	35/50/35	IUO	C 130	1
SAC C - 70 - 70	70/70/50	70/50/50	IUO	C 130	1
SAC C - 150 - 70	150/120/95	70/70/70	IU997	C 130	1
SAC C - 120 - 120	120/120/95	120/95/95	IU997	C 130	1
SAC C - 240 - 240	240/240/185	240/185/185	IU998	C 130	1

Diseño de las conexiones

El conductor de cobre es la primera elección para construir sistemas de puesta a tierra. El cobre tiene una excelente conductividad eléctrica, disipa rápidamente la energía térmica y tiene buena resistencia a la corrosión y los conectores a tierra deberían tener similares propiedades para asegurar un similar rendimiento.

El cobre y las aleaciones con alto contenido de cobre se usan para minimizar la corrosión galvánica con los conductores a tierra de cobre, para aumentar la longevidad en aplicaciones con bajo nivel de corrosión y para soportar los rigores de repetidas corrientes de falla.

Corrosión

Las conexiones a tierra están ubicadas por encima y por debajo del nivel de corrosión y están sujetas a diversos tipos de corrosión.

Por encima del grado de corrosión ocurren principalmente a través de la acción galvánica cuando se exponen a una fuente electrolítica. Este tipo de corrosión es más pronunciada **cuando el material del conector difiere significativamente del material del conductor**. En la presencia de una solución electrolítica, se forma una celda electrolítica permitiendo que fluya la corriente corrosiva del material anódico al material catódico.

Con el tiempo, la pérdida de iones del material anódico (sea de la conexión o del conductor) ocasionará una reducción de la eficiencia promedio de la conexión y eventualmente puede ocasionar una falla.

En ambientes por debajo del nivel de corrosión también expondrán a una conexión a condiciones que ocasionarán una corrosión galvánica . Además, las conexiones por debajo del nivel de corrosión están sujetas a una corrosión acídica. El cobre puro y las aleaciones con elevada concentración de cobre rinden muy bien en la mayoría de condiciones de terreno.

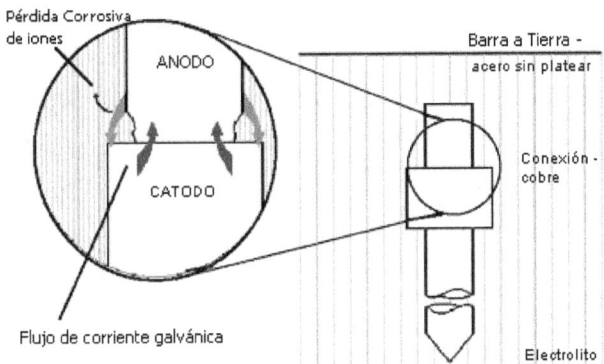

Corrosión galvánica entre la barra de acero a tierra y la conexión de cobre

Corriente de falla

Las fuerzas electromagnéticas se desarrollan rápidamente y ejercen un esfuerzo mecánico en todos los puntos de conexión. La magnitud y dirección de la fuerza mecánica se relaciona al camino de conducción y la magnitud de la corriente de falla.

Además de la tensión física, las conexiones a tierra también deben soportar un elevado choque térmico debido al paso de la corriente de falla. Dependiendo de cómo los electrodos del sistema de puesta a tierra son dimensionados, las temperaturas en el conductor pueden alcanzar de 250 °C El conector debe ser capaz de soportar estas temperaturas extremas sin pérdida de integridad.

Tecnología de las conexiones

Para las conexiones de jabalinas de acero cobreado a cables de acero cincado los componentes del conector se deben suministrar estañados lo que impide la aceleración de efectos de corrosión que ocurre cuando se contactan dos metales con series galvánicas muy diferentes, como es el caso del cobre y del zinc.

La instalación del conector se realiza con el empleo de una simple herramienta tipo bomba 12‰. Este conector no daña el conductor y en caso de remoción que puede ser reutilizado.

Malla de PAT ejecutada completa con cuadrículas y derivaciones a jabalinas, rapido y sencillo

Para ejecutar conexiones de puestas a tierra también existe el método de las soldaduras aluminotérmicas A pesar del tiempo transcurrido en la utilización del método de las soldaduras no ha podido afirmarse como la única SOLUCIÖN para las conexiones puesto que requiere de la idoneidad del operador y la consideración de las limitaciones de las condiciones climáticas imperantes en la zona de los trabajos

El método por deformación plástica en frío o también llamado por compresión es totalmente independiente de las condiciones climáticas y aún de los problemas del agua en el área de los trabajos. Al no producirse calor, humo, chispas y fuego ni emisión de partículas metálicas incandescentes y gases tóxicos, se puede utilizar hasta en áreas consideradas en extremo como de alta peligrosidad.

El sistema de compresión evita accidentes, mientras que en la soldadura existe el peligro de quemaduras al operador, problemas con la emisión de gases tóxicos y derrames de material incandescente.

En el sistema de compresión, es innecesaria la vestimenta de protección y proteger la vista del operario.

La conductividad de los SAC es de 100% lo que le garantiza a este tipo de conexión un efecto Joule (incremento de temperatura/ ampere de corriente conducida) menor a otras conexiones durante el paso de una determinada corriente eléctrica. Para un mismo valor/tiempo de corriente eléctrica la temperatura de una conexión SAC será considerablemente menor que una conexión cuproalumino-térmica pues la resistencia al paso de corriente es muy inferior a las conexiones realizadas por soldaduras.

Cada conexión puede ejecutarse en menos de cinco minutos, disminuyendo los tiempos programados de ejecución de los trabajos lo que incide también positivamente en la economía de la obra.

En definitiva en este tipo moderno de conexión denominada en frío el elemento de conexión debe ser de cobre de alta pureza y primera calidad.

La variante de conexión con aporte de calor implica una combustión de los materiales y una elevación de la temperatura que puede afectar a los materiales por acción térmica además de las conocidas complicaciones y conocimientos específicos de los componentes para ejecutarla.

Bibliografía

Legislación, Normativa, Bibliografía

- Reglamentación para la Ejecución de Instalaciones Eléctricas de Inmuebles AEA 90364, Parte 7 y Sección 771. Edición 2006.

- Normas Nacionales IRAM, e Internacionales IEC.

- Resolución 92/98 y sus actualizaciones de la ex Secretaria de Industria, Comercio y Minería relacionada al proceso y aplicación de un sistema de Certificación obligatorio de productos para asegurar que cumplan con los requisitos esenciales de seguridad eléctrica.

- **Reglamentación de Instalaciones eléctricas.**

  Los volúmenes completos de esta Reglamentación se pueden adquirir en la *Asociación Electrotécnica Argentina*, Posadas 1659, Ciudad de Buenos Aires TE: 011-4804-3454.

  E-mail **gerencia@aea.org.ar**.

Contacto con el autor para intercambio de opiniones

Ing. Rubén Roberto LEVY

Email: buscapolocordoba@gmail.com
Email: buscapolocordoba@yahoo.com.ar

OTROS TÍTULOS DE ESTA EDITORIAL EN EL TEMA INGENIERÍA ELECTRICA

INSTALACIONES ELÉCTRICAS SEGURAS. *Rubén Levy.*

MANUAL PARA EL TÉCNICO INSTALADOR ELECTRICISTA DOMICILIARIO. *Rubén Levy.*

PUESTAS A TIERRA, CRITERIOS DE SEGURIDAD ELÉCTRICA Y TÉCNICA. *Rubén Levy.*

INSTALACIONES ELÉCTRICAS INDUSTRIALES. *Rubén Levy.*

PERICIAS EN INSTALACIONES ELÉCTRICAS. *Rubén Levy.*

INSEGURIDAD ELÉCTRICA. *Rubén Levy.*

CALIDAD DE LA ENERGÍA ELÉCTRICA. *Roberto Pinto.*

SOBRETENSIONES. *Alberto Torresi.*

MEDICIONES EN ALTA TENSIÓN. *Alberto Torresi.*

EL CAMPO ELÉCTRICO EN ALTA TENSIÓN. *Alberto Torresi.*

LAS PUESTAS A TIERRA EN SISTEMAS ELÉCTRICOS DE BAJA, MEDIA Y ALTA TENSIÓN. *Juan Carlos Arcioni.*

LAS PUESTAS A TIERRA Y LA SEGURIDAD TÉCNICA. *Juan Carlos Arcioni.*

ENSAYO DE TRANSFORMADORES. *Alberto Torresi.*

JORGE SARMIENTO EDITOR - UNIVERSITAS

122